高建平 等著

张江 主编

文艺通识丛书

中华美学精神

中国社会科学出版社

图书在版编目（CIP）数据

中华美学精神／高建平等著.—北京：中国社会科学出版社，2018.10

（文艺通识丛书）

ISBN 978-7-5203-3358-0

Ⅰ.①中… Ⅱ.①高… Ⅲ.①美学—研究—中国 Ⅳ.①B83-092

中国版本图书馆 CIP 数据核字（2018）第 240275 号

出 版 人	赵剑英
责任编辑	张 潜
责任校对	闫 萃
责任印制	王 超

出 版	中国社会科学出版社
社 址	北京鼓楼西大街甲 158 号
邮 编	100720
网 址	http://www.csspw.cn
发 行 部	010-84083685
门 市 部	010-84029450
经 销	新华书店及其他书店

印刷装订	环球东方（北京）印务有限公司
版 次	2018 年 10 月第 1 版
印 次	2018 年 10 月第 1 次印刷

开 本	880×1230 1/32
印 张	9.5
字 数	181 千字
定 价	46.00 元

凡购买中国社会科学出版社图书，如有质量问题请与本社营销中心联系调换
电话：010-84083683
版权所有　侵权必究

总　序
让文艺知识走进千家万户

组织这套"文艺通识丛书"的目的，是让文学知识走出专业研究的殿堂，来到人民大众之中。习近平总书记《在文艺工作座谈会上的讲话》指出："社会主义的文艺，从本质上讲，就是人民的文艺。"人民大众需要文艺，也需要关于文艺的知识。

在工作之余，可读读小说，看看电影、戏剧，也可背古诗、听朗诵、看展览，欣赏歌曲、练书法，参加各种艺术体验活动。在生活中，文学艺术无处不在。但是，爱好文艺，并不等于就懂得文艺。古今上下几千年，东西南北几万里，积累了大量的关于文艺的知识，这是人类文明的重要成果。学习这些知识，是理解沉积在作品之中的意蕴，提高审美水平的重要途径。然而，专家的著述难懂，所讲的知识隐藏在繁杂的论证之中，所用的语言艰涩并时时夹杂许多专门术语，还涉及众多人

总序　让文艺知识走进千家万户

名、地名和陌生的历史史实，使一般民众难以接受。专业学界与人民大众之间的藩篱亟需推倒，高冷的文学学术与民众的文艺热情之间的鸿沟之上必须架起桥梁。想提高文艺鉴赏水平，还是要听听专家们怎么说，但专家也要说得让大众听得懂。

时代在改变，新的时代，新的经济生活方式，新的技术条件，也促使人民大众的文艺生活发生着深刻的变化。文学艺术遇到了新情况，应该怎么办？一些西方学者提出了"文学的终结"和"艺术的终结"的观点。这种"终结观"，实际上反映的是文艺与审美的关系，文艺与作为其载体的媒体间关系，以及文艺与所反映的观念间关系这三重关系的变化。因此，文艺要适应新情况，理解文艺也需要新的知识。让人民大众掌握关于文艺的知识，让人民大众了解当代文艺的新情况，这一任务的必要性，在当下显得越来越迫切。

用通俗易懂的语言，讲文艺知识。将专家研究成果的结晶，化为人民大众的文艺常识，这种工作其实并不容易。要做到举重若轻，通俗而不浅薄，前沿而不浮躁，深刻而不晦涩，是非常难的一件事。我们组织这套书的原则是，请大家写小书。我们所邀请的作者，都是学术界相关领域的著名学者。他们学养深厚，对学科的来龙去脉有深入的了解，同时，在学术上，既能进得去，又能出得来。我们的目的是，用人民大众看得懂的语言，搭起一座座从专业学术通向人民大众之间的桥梁。

这套丛书的读者定位，是广大的干部群众，文学艺术的爱好者，非文学艺术专业的各行各业的从业者，以及文学艺术专业的初学者。这是一个范围广大的群体。当然，这套书不是教材，不像教材那样板着面孔，用语端庄，体例严谨，要求读者端坐在书桌前仔细研读。我们希望这套书能语言活泼，生动而有趣味性，像床头读物一样，使读者在轻松的阅读中，获得有关文艺的知识。

　　发展"人民的文艺"，就要使文学知识走向大众。实现国家富强、人民幸福的中国梦，需要文化繁荣，需要普及文艺知识。让更多的人爱好文艺，了解文艺，让文艺知识走进千家万户，这是我们组织这套书的初衷。

张　江

2018 年 8 月

目　　录

绪论　从当下实践出发,传承和发展中华美学精神 …… （ 1 ）
　一　发掘和传承中华美学精神 …………………… （ 2 ）
　二　发展美学是文艺出精品的需要 ……………… （ 10 ）
　三　美学研究与美学普及的关系 ………………… （ 16 ）
　四　中国美学自身迫切需要发展 ………………… （ 20 ）
　五　建立当代的、实践的中国美学 ……………… （ 22 ）

第一章　和谐之美 ……………………………………… （ 24 ）
　一　"和谐"观念起源于音乐 …………………… （ 24 ）
　二　乐与礼的互补 ………………………………… （ 29 ）
　三　声音之道与政通 ……………………………… （ 34 ）
　四　中国艺术的"和谐"追求 …………………… （ 40 ）

第二章　温润与深情 …………………………………… （ 46 ）
　一　诗言志 ………………………………………… （ 46 ）

二　美在温润 …………………………………（52）
　三　发乎情,止乎礼义 …………………………（56）
　四　文质彬彬,然后君子 ………………………（63）
　五　兴观群怨与知人论世 ………………………（67）

第三章　生生之乐 ………………………………（73）
　一　从性命之理看《周易》生生观 ……………（74）
　二　立象以尽意的象思维 ………………………（80）
　三　对立统一的阴阳体系 ………………………（86）
　四　天人感应与五行生克 ………………………（92）

第四章　自然之道 ………………………………（100）
　一　道法自然 ……………………………………（101）
　二　朴拙与大巧 …………………………………（107）
　三　致虚极,守静笃 ……………………………（113）
　四　齐生死 ………………………………………（118）

第五章　气韵风神 ………………………………（125）
　一　魏晋风度与人物品鉴 ………………………（126）
　二　形与道 ………………………………………（132）
　三　造化与心源 …………………………………（137）

目录

  四　气韵与骨法 ………………………………… (142)

第六章　立言与载道 …………………………… (148)
  一　从魏晋谈起 ………………………………… (148)
  二　盛唐气象 …………………………………… (154)
  三　世间情怀 …………………………………… (161)
  四　文以载道 …………………………………… (166)

第七章　意象与韵味 …………………………… (172)
  一　象与意 ……………………………………… (172)
  二　意象之美 …………………………………… (177)
  三　妙处玲珑 …………………………………… (187)

第八章　意境与境界 …………………………… (197)
  一　境由心生 …………………………………… (198)
  二　含虚而蓄实 ………………………………… (206)
  三　审美境界与诗意人生 ……………………… (216)

第九章　画者，画也 …………………………… (224)
  一　搜妙创真 …………………………………… (226)
  二　逸品为上 …………………………………… (230)

三　龙脉与位置 ……………………………（235）
　　四　一画与妙悟 ……………………………（240）

第十章　世情与俗趣 ……………………………（245）
　　一　通俗文艺的勃兴 ………………………（246）
　　二　从庙堂走向民间 ………………………（251）
　　三　世俗人生的情与真 ……………………（255）
　　四　文人劝世情怀的延伸 …………………（260）

第十一章　走向现代 ……………………………（267）
　　一　文艺救国论 ……………………………（268）
　　二　艺术独立的要求 ………………………（274）
　　三　美育思想 ………………………………（280）
　　四　人生艺术化 ……………………………（288）

后　记 ……………………………………………（295）

绪论　从当下实践出发，传承和发展中华美学精神

习近平总书记《在文艺工作座谈会上的讲话》中提出，要传承和弘扬中华美学精神。党和政府都出台了相关文件，要繁荣文艺，加强美育。这对于美学学科的发展，是一个良好的契机。

美学在中国经过了一段时间的起伏，近年来有上升的势头。20 世纪 80 年代，曾经有过"美学热"，此后美学就冷却了。20 世纪 90 年代，很少有人谈美学。经历了十多年的沉寂期，到了 20 世纪末，这个学科才逐渐回温，出现了一些美学论著和译著，召开了一些国际国内会议，在学界和社会上重新引起关注。在国际上，20 世纪中叶的美学热潮，由于种种复杂的原因，也曾经历了一个衰退的时期。到了 20 世纪 80 年代以后，才逐渐升温。

国际国内学术界美学学科的潮起潮落，有着自己的规律。

目前这一美学升温的势头,与学科自身发展的规律、政府和社会的倡导及文学艺术实践的需要相交汇,正在形成一股合力。希望在这样的形势下,经过中国美学家们的努力,出现更多的研究成果,使这个学科在更广的范围内为人们所接受,从而实现这个学科的新辉煌。

一 发掘和传承中华美学精神

20世纪50年代以来,美学出现了三次热潮。第一次是从20世纪50—60年代初的"美学大讨论"。这场讨论的目的,是在中国建立与新生的社会主义制度相适应的马克思主义美学。参加讨论的美学家们都努力以马克思主义为指导,研究关于"美"的哲学,将"美"和"美感"的问题放在辩证唯物主义和历史唯物主义的哲学体系中来研究。

第二次是从1978年到20世纪80年代,历史上将这次热潮称为"美学热"。这次热潮的特点是引导中国走出"文化大革命"期间的文艺理论体系,解放思想,并进而在改革开放的大潮中,引进国外的美学研究成果。在这次热潮中,随着美学这一学科的发展,人们开始对该学科进行历史回溯,关注中国传统美学。

第三次是发端于20世纪90年代末,在21世纪初逐渐升温的"美学的复兴"。将这次美学的兴盛称为"复兴"是由于在20世纪80年代"美学热"之后,在90年代初曾经有过一段时间美学学科的消沉,经济大潮对美学乃至整个人文学科的研究构成冲击。21世纪美学学科的重新兴盛,并非这个学科内容的简单回归,而是在新背景下学科内容的全面更新。

"美学的复兴"有着一个国际背景。中华美学学会于1998年加入国际美学协会,这是一个具有标志性的事件。在此以后,中国美学家与国外美学家建立了密切的个人交往,许多国外当代美学著作被译成了中文。当然,中国学者翻译西方美学著作,已经有了很长的历史。朱光潜、宗白华那一代人致力于翻译的是柏拉图、康德、黑格尔等人的作品,重视美学史研究;李泽厚所组织的译丛中收入了像克莱夫·贝尔、苏珊·朗格等20世纪前期和中期美学家的作品,从而具有为中国美学研究进行补充的性质。21世纪之初,国外最新的研究成果得到了翻译,中国美学家与国外美学家有了直接接触,进行学术对话,从而有了在学术上同步发展的机会。

这一时期的美学是在这样一种国际形势下发生的。西方美学走入发展困境之中,需要通过非西方美学思想的介入而获得更新。作为一门学科,美学是18世纪在欧洲,主要是英、法、意、德等一些国家发展起来的。当时的欧洲正处在社会大转型,从传统经济社会模式向现代经济社会模式转化的时代。在这时，出现了"美的艺术"、趣味、天才、灵感、无功利性、感性直觉等概念，为现代美学体系的建立创造了条件。这种种概念在康德那里完成了综合，并在随后的一些德国古典哲学家们那里得到了发展。① 美学的出现，在当时，从理论上讲，作为哲学的一个分支，使这个学科获得了体系上的完善；从实践上讲，强化了艺术与工艺的区分。

在欧洲，美学史的研究要晚于美学的研究。将美学史写成什么样子，对美学的历史追溯到什么历史时期，与写美学史的人对美学这个学科的理解有着密切关系。只有在"美学"作为一门学科在理论形态和学科体系上得到完善，并在大学之中形成相应的课程设置以后，对该学科历史的研究才有可能发展起来。我们所熟悉的美学史著作，例如鲍桑葵的《美学史》、比厄斯利的《美学史：从古希腊到当代》等著作，都从古希腊人写起。他们不写更为古老的两河流域和古埃及的审美和艺术，他们认为，在那里虽然有艺术的美，但是没有"美学思想"。对此，他们曾作过解释，美学思想起源于对美和艺术现象的"反思"，而这种"反思"活动，依赖于哲学的兴起。②

---

① 参见高建平《"美学"的起源》，载《外国美学》，江苏教育出版社2009年版，第19辑。
② 参见［英］鲍桑葵《美学史》，张今译，商务印书馆1985年版，第二章、第三章。

绪论　从当下实践出发，传承和发展中华美学精神

从这个意义上讲，"美学思想"是从一个人开始的，这个人就是毕达哥拉斯，他反思了美学的规律，将之归结为数。从毕达哥拉斯开始；经过以柏拉图、亚里士多德为代表的古代希腊；经过以普罗提诺、奥古斯丁、托马斯·阿奎那等人为代表的古罗马和中世纪；再经过以意大利文艺复兴和以笛卡尔为代表的理性主义，以培根、洛克为代表的英国经验主义；直到18世纪时，才开始了作为现代学科的"美学"的酝酿过程。朱光潜曾区分两个概念，即"美学"和"美学思想"，指出在鲍姆加登之前，有着一个漫长的美学思想史，只有到了鲍姆加登，这个学科才被命名，并由此而诞生。① 这个学科诞生和发展到了一定程度后，才有了学科史回溯的需要，从而出现了为这个学科写史，并将它的根源向前追溯的活动。

与此相对应，在世界上许多民族和文化之中，实际上都有着"美学思想"。在"美学"这一学科被传入前，这种"思想"，或者说观念、趣味、风尚、精神，曾长期存在着，构成这些民族精神的极其重要的组成部分。但是，那时并没有一种作为学科的"美学"存在，也没有人专门从事这一学科的研究。

西方美学是在19世纪末20世纪初开始大规模地从欧洲向

---

① 参见朱光潜《美学拾穗集》，百花文艺出版社1980年版，第8页。

世界各地传播的。在这一过程中，形成了一些国际美学研究群体，以过去二三百年所生产出的美学知识为依据，进行着美学新成果的交流以及将这些知识和成果向世界其他地方传播的工作。国际美学协会就是这样的群体，它成为一个学术共同体，以美学知识的生产和传播为己任。

美学在全世界传播活动本身的积极意义，是怎么强调都不过分的。其实，在全世界各个地方，都曾经存在"美学在此地"的现象。我们曾经讨论过从"美学在中国"到"中国美学"的发展，[①] 同样，也曾经存在过"美学在印度""美学在日本""美学在土耳其""美学在拉丁美洲"等，只是到后来，这些国家和地区的研究者，才开始吸收自身的传统资源，结合自己的当下实际，逐渐发展出了各自的美学。从传播、接受开始，到逐渐发展出自身的美学，是这些民族、国家和地区美学发展的必由之路。

西方美学发展到当代，出现了许多问题。作为在一种特定文化中所产生的美学，它呈现出许多衰老的迹象。学术和艺术研究中的种种发展困境，各种"终结"论的出场都是西方美学种种内在问题的折射。但是，这绝不是说，西方美学过时

---

① 参见高建平《全球化背景下的中国美学》，《民族文艺研究》2004 年第 1 期。

绪论　从当下实践出发，传承和发展中华美学精神

了，现在轮到东方美学了，这种说法是荒谬的。我前不久曾经在一篇文章中驳斥过这一观点。所谓风水轮流转、西方不亮东方亮的说法，不是学术的态度。① 然而，西方当代美学的种种困境，也是显而易见的。在以康德、黑格尔等人为代表的西方美学向世界传播以后，出现的是各国家、各民族反思自己的传统，思考自身的现实，进而整理自身的"美学思想"史的过程。这些地域和民族的人们发现，自身历史上所具有的那些材料是极其重要、非常有价值的"美学思想"，与柏拉图、亚里士多德的美学思想具有同等的意义。实际上，这些国家和民族的学者，早已经投身到了自身传统的研究之中。这种研究是过去几十年中世界美学发展的一个重要组成部分，它极大地丰富了美学的内容，扩大了美学研究者的视野，形成了当代世界美学中极具意义的文化间的对话。

由此，我们转向对中华美学精神的讨论。过去的二元对立思维，是由壁垒森严的学科区分所决定的。研究西方美学的人排斥传统美学，而研究中国传统美学的人排斥西方美学。这种对立严重影响了中华美学的发展。

这有点像历史上中西医所形成的对立。20世纪二三十年

---

① 参见高建平《从"东方美学"概念出发，当代中国美学的学科处境和任务》，《艺术百家》2015年第4期。

代，西医说中医不科学，中医则说中国人几千年都是这么治病的。中医指责西医头痛医头、脚痛医脚，自己才是整体医学；西医说，就是要头痛医头，不能头痛医脚，强调要把医学建立在生理学和解剖学基础上。争论引发了轰动全国的事件，从梁启超至鲁迅、胡适、陈独秀，都反对中医。进而在1929年，国民政府召开的第一届中央卫生委员会议通过了由章太炎的学生余云岫提出的一个"废止中医案"。后来，中医界又以"打倒帝国主义"为名，得到了蒋介石的支持，使中医得以保存。时过境迁，"废止中医案"当然不能再提起，但是，那种认为世界有两大医学体系，一种叫中医，一种叫西医，仍是一种极易引起误解的说法。中医在性质上是一种传统医学。世界上许多国家和民族，都有自己的传统医学，其中蕴含着丰富的智慧和无数的经验性成果。在中国，除了中医外，还有蒙医、藏医等，其他国家，如印度、伊朗等国，也各自有自己的传统医学。我们所说的西医是现代医学。我们倡导中西医结合就是要在现代医学的基础上，整理传统中医中药的成果，使之发挥更大的作用。前不久，中国药学家屠呦呦获得了诺贝尔生理或医学奖，中西医优劣论又被提起，引发人们热烈的讨论。有人说这是中医药的胜利，证明长期以来，一些认为西医才科学，而中医不科学的观点是错误的。现在连西方人也把一个极其重要的奖颁给中医药，证明了中医药学的科学性。这种说法混淆了

绪论 从当下实践出发，传承和发展中华美学精神

许多事实。中医药是一个宝库，但需要用现代医药学、现代生物、现代化学的知识和手段来对古书记录进行大量的、艰苦细致的研究。屠呦呦的例子恰恰证明，不能搞二元对立思维，而要以科学的态度研究历史上留下来的宝贵材料。

处理中国古代的美学材料也是如此。古代中国人留下的一些关于美和艺术的论述，对于我们今天的研究，具有极其重要的美学启示作用。整理古代美学思想材料，从古人那里找灵感，是一条重要的学术之路。然而，只有将这些材料和启示引入现代美学的语境之中，进行分析和研究，通过艰苦的努力，才能使古书中的字句成为当代生活中活的东西。

在说完了这一层意义之后，我们再次重申这里要表达的意思。当代西方美学的研究，使我们掌握了美学的方法，有了清晰的美学概念，有了对各民族和文化的美学进行比较的知识，同时，这也使我们意识到了当代西方美学研究所面临的困境和问题，有了解决这些问题的意识，找到了研究的切入点。在这种情况下，我们会进一步认识到，正像许多其他非西方民族努力从自身的传统中寻找资源，建立自己的现代美学一样，我们也应该从自身的传统寻找建立现代美学的资源。将这些资源找到，提炼出来，形成它们的现代形态，就能像屠呦呦制作青蒿素一样，为人类作贡献。

中国传统美学思想是一个伟大的宝库，需要我们努力去发

掘。中国的美学走向世界，要从这里开始。这里面包括两点：一是要传承，不能把传统弄丢了；二是要发掘和提炼，使之获得现代形态。两点都是不可或缺的，一点也不能少。

二　发展美学是文艺出精品的需要

有研究者将习近平总书记的《在文艺工作座谈会上的讲话》与毛泽东的《在延安文艺座谈会上的讲话》做了一个比较研究，发现两篇讲话的内容有很多相似之处。例如，坚持以人民为中心，写人民，为人民而写。人民不仅是文艺作品的观众，而且是"剧中人"。这些思想，都体现出从毛泽东《讲话》到习近平《讲话》的一脉相承之处。但是，这两篇讲话的内容，又有很大的不同。① 这些不同，突出地体现在两个方面。

首先就是强调出精品。毛泽东在 1942 年发表的《讲话》是面向一些从上海和其他大城市来到根据地延安的作家、艺术家而讲的。他强调为人民服务，就是要他们转变立足点，熟悉根据地的环境，为工农兵服务。当时的文艺也非常重视普及与提高的关系，但是，普及的任务很重要，任何提高，都只能是

---

① 参见赵炎秋《重视普及与呼唤精品》，《中国文学批评》2015 年第 2 期。

在普及基础上的提高。

文化要普及，过去有人将普及与提高对立起来，只看重提高，不重视普及，这是错误的。文化的普及涉及普通人民大众的文化权利问题。这一点，在今天仍然很重要。一批文化人孤芳自赏，搞出一点精英气的东西来，作为文化的点缀，这当然未尝不可。但文艺离开了普通的人民大众，离开了社会的需要，就会失去生命力。

习近平总书记在 2014 年发表关于文艺的《讲话》之时，情况有了很大的不同。这时，文艺在两大动力，即市场和科技的推动下发展。这两大动力在推动文艺发展的同时，也改变着文艺的性质，使文艺面临着诸多新问题。

第一是市场。市场经济的改革，将文艺放到了一个新的环境之中。文艺与市场的关系究竟如何？有人将市场的作用描绘成完全是负面的。市场带来了唯利是图，将精神产品的生产混同于物质产品的生产。但是，文艺又离不开市场。市场是一个很好的资源配置方式，也是文艺受民众欢迎程度的晴雨表。近年来的文艺繁荣，都是在市场经济的环境中实现的。因此，文艺与市场的关系，既是一个重要的实践问题，也是一个重要的理论问题。

第二是科技。从机械复制时代，到电子复制时代，文艺的性质也在发生根本的变化。过去那种基于手工劳动的艺术，被大规模的生产和复制所取代。技术发达了，原本要费很多人力、物力才能制作出艺术品，现在会变得很容易。人们可以用各种手段，快捷而精致地制作出过去像米开朗基罗的《大卫》那样要花费好几年时间才能制作出来的艺术品。人们也可以用电脑技术，模拟出以前要花费大量人力、物力才能制作出来的画面。这些都使艺术丧失了原来依附在艺术品上的一种神圣和高贵的气息，使之变成寻常物。

许多美学研究者都对市场和科技持一种警惕的态度。这当然是合理的。艺术不能被市场和科技所裹挟，它应保持自己的独特追求。但是，我们应该避免一种思路，或者说一种误读，即认为有两种力量在竞争，一种力量是艺术，另一种力量是市场和科技，于是有谁占了上风的议论。仿佛在这里，不是东风压倒西风，就是西风压倒东风。

还有人说，文学艺术具有两重属性，一是企业属性，一是事业属性。企业属性决定了它要跟着市场走，以营利为目的；事业属性决定了它注重文学艺术的精神培育和道德教化的作用，其价值不能以在市场上的盈利来计算。由此，我们要高扬其事业属性，抑制其企业属性。这种观点中，隐藏着一种误读。事业和企业之分是中国独有的对行业进行管理时出现的区分。企业自负盈亏，事业有政府补贴。将文学艺术的目的和作用，在企业和事业的划分中寻找对等，隐藏着一种理论上的潜台词，即逃避文学艺术面对市场和科技所营造的新环境的挑战。实际上，在文艺的发展过程中，并不存在作为对手的市场和科技。市场和科技只是文艺学术存在的环境而已。

一支足球队上场踢球，他的对手是另一支球队，而不是球场。球场公平地对待所有参赛者，而不是参赛球队的对手。一支球队参加，绝不是去与球场一决高下，赌个输赢。足球队员在球场中踢球，与另一支球队比赛。球场没有主体性，并不在这支球队或它的对手之间选边站。市场所起的作用与球场是同样的。市场是否对文学艺术家有利，充其量也就相当于足球比赛的主场与客场的区别一样，所起的作用是有限的。水平高，在客场照样赢；水平低，在主场照样输。市场是无生命的，无论谁都可以取其为我所用。市场也不是人格化的上帝，拜倒在它面前没有用，以它为对手也无益。文学艺术家要竞争，他们的竞争对象是其他的文学艺术家。文学艺术家们各自创作出自己的作品，放在一起比一比，看谁的更好。文学艺术的这种比拼，决定的因素是多方面的。这是一种艺术建制（insitution）决定下的竞争机制（mechanism）。竞争可能是良性的，也可能是恶性的。需要市场外的一些因素加入进来，影响竞争的进程。

同样，科技也不能成为人的主宰，它同样也只是文学艺术家的场地而已。对于文学艺术家来说，在什么样的科技水平中生存，有什么样的媒体存在，都只是他们的生存环境。面对文学艺术可采用的各种媒体的现实，文学艺术家具有各自主体态度，从而形成艺术与技术的不同距离。艺术可以紧跟技术，及时采用最先进的技术，可以做出种种反技术的姿态，以拒绝技术为时尚，但归根结底，艺术还是要被技术的进步拖着走。文学艺术家要在技术所带来的新媒体、新表现手段、新的传播方式中生存，要适应科技的变化，但是，这不能否认他们自身的主体性。他们不是与科技角逐，而是在科技所构成的环境之中，与其他的文学艺术家，与其他的文学艺术的倾向、潮流、风格角逐。完全迎合或完全排斥科学技术进步的立场，都不可取，也是做不到的。对科学技术的掌握程度，紧跟的速度，并不能成为艺术的标准。科技给文学艺术提供了竞争场所，但同样，在这种竞争机制之中，要有科技之外的因素加入。

在市场和科技两大动力的推动下，文学艺术作品被大批量生产出来。这是一个快的时代，人们忙碌、焦虑、浮躁，到处是文学艺术的快餐。从严肃艺术消解到娱乐业的膨胀，从严肃文学的危机到网上小说和微博微信文学的繁荣，我们已经失去了过去的"慢"。诗人木心写的《从前慢》，带着浪漫的感伤怀念一个慢的时代，将过去过分理想化，恰恰是由于这个时代已经一去不复返了。

生活的快节奏，需要文学艺术中的慢来调节、来养心。在

绪论　从当下实践出发，传承和发展中华美学精神

文艺作品被大量生产，文艺作品粗制滥造成风时，慢下来、多思想、多体会、感受过程成为当今时代的需要。

在市场经济中，我们需要精品来影响市场，而不是用粗制滥造的产品来迎合市场。在机械和电子复制的时代，我们可以先打造出精品再大量复制它，从而在复制时代造就新形态的艺术性，而不是让艺术性随着手工时代的消逝而丧失。

从毛泽东发表《讲话》至今，70多年过去了。70多年的巨变，换了人间。那时在延安，毛泽东是向根据地的文化界讲话，大背景是抗日战争。为工农大众的文艺，处在从无到有的过程中。走出了上海亭子间的作家们，还没有学会为工农写作，因此，当时的首要任务是转变立场。民族解放战争迫切需要文艺力量的加入。抗日战争打的是人民战争，是一种总体战，所有的力量都要被动员起来，为民族救亡服务。文学艺术家要在民族危亡的时代，以自己的作品为武器，投入到救亡之中。这时，不能搞"十年磨一剑"。全面抗日战争总共才打了八年，没有十年的时间供你磨剑。别人打仗流血，用血肉去筑长城，你在那里一心一意地打造藏诸名山、留存后世的作品，是不道德的。国家都要灭亡了，还谈什么后世？因此，重要的是及时提供好作品，要鲁迅所说的投枪和匕首。

今天的情况，则有很大的不同。在动的时代中，要静下来，在快的节奏中，要慢下来。在谁也耐不住寂寞时，你能耐

得住，就能出成果。这个时代要去打造精品，要十年磨一剑，磨出好剑来。

前面说到，在市场和科技之外，还需要一点别的因素，这个因素，就是引入另一种力量来影响文学艺术作品的创作和评价。这个"别的因素"，就是在新的市场和科技环境中，引入文学艺术的美学评价和批评机制，引入对艺术的理论思考，引入美学的观点，引入"按照美的规律来建造"的意识。从而，通过美学的研究、美育的普及，引导文学艺术竞争的良性机制的形成。

三　美学研究与美学普及的关系

文学艺术要精品化的同时，美学却需要普及化。市场和科技带来了文学艺术的海量生产。这时，文学艺术家所要做的事，并不是加入这个生产大军之中，制造出与这个生产大军中的市场获利者、科技领潮者的产品无差别的"艺术品"来，而是面向这种生产和流通的现实，创造出不一样的东西，使之成为与这个生产大军对话，或者用一个现在很流行的词，即进行"救赎"的艺术品，成为生活的解毒剂，而非迷幻药。从这个意义上讲，文学艺术要走向精品化。这不是孤芳自赏；不是自称"为艺术而艺术"，与社会和时代绝缘的精英气；而要

绪论　从当下实践出发，传承和发展中华美学精神

能影响社会、服务社会、为文学艺术的生产做出示范。文学艺术家要有走出"高原"，走向"高峰"，从而"一览众山小"的气魄。

与此不同，在美学研究者群体中，所需要做的，却正好相反。美学要走向大众，走向文学艺术创作的实际。

作为哲学的一个很专门的分支，美学在很长的时间里被人们看成是很少的一部分人从事的学问。从事美学研究，需要有严格的哲学训练，要读欧洲大陆上的启蒙主义哲学、英国经验主义传统哲学、德国古典哲学、美国实用主义哲学及当代法国、德国的哲学，要读中国传统哲学著作，还要读马克思主义哲学的基本著作。哲学界有一个口号：打通中西马。这是要有很高的学术修养才能达到的境界。也许，可提一个谦虚一点的口号，学习中西马。

但是，从另一个角度说，美学研究又不能只是在纯哲学的圈子里进行。实际上，在生活中，存在着大量的"半美学"现象。当我们说一位画家的美学观、一位诗人所主张的美学原则、一位电影家的美学追求、一位普通观众的欣赏趣味之时，我们并不是说，这些人有着系统的美学体系，受过严格的哲学训练，而是说，一种感性的"半美学"已经沉浸在他们的艺术活动和日常生活之中。美学在生活中无处不在。人们到商店里选择衣服，怎样选？选完以后，今天出门参加一个活动，怎

样穿一件恰当的衣服？在一个具体的场合，怎样说话做事得体？我们在生活中，无处不在作选择，作还是不作，这么作还是那么作，这是永恒的问题。决定我们选择的，有实利的考虑，有道德原则的支配，有确定的规则，但更有一种感觉上的好恶。这种好恶不一定需要说出理由：就是喜欢与不喜欢，无须多说，或者来不及多说，没有细加考量。这种直觉的东西，就是美感。它需要培育，但这种培育不是知识传授和技能培训，也不是道德说教，而是启示和激发感觉的能力。其实，一些不假思索的东西，才是更为根本的东西。你脱口而出的话，是你最真心的话。你最直接的感受，是发自内心最深处的感受，据此所做出的选择，是符合人的本意的选择。

　　如果这种"半美学"存在的话，那么，美学就不只是属于少数专家，而是属于普通的人民大众。在历史上，美学属于哲学的一个分支，现在仍然是。但是，正像哲学要接通社会生活的各个方面，而不能只是书斋里的学问一样，美学有着一个巨大的"半美学"的土壤。每人都有自己的审美标准，有自己的"品位"。风格就是人本身，品位就是这一个人。由此，每一个人，都有着自己的"半美学"，都能成为"半美学家"。这些"半美学家"中的绝大多数，都没有读过多少美学书。但是，这不妨碍他们有自己的审美观念和标准。艺术家们就更是如此，他们常常不能用理论的语言表述自己的美学观念，但

绪论 从当下实践出发，传承和发展中华美学精神

可以通过作品将之展现出来。

在现代中国历史上，许多美学家都愿意花费很多精力做美学的普及工作。朱光潜一生写过多种普及性的美学著作，从《给青年的信》到《谈美书简》，用最浅易的语言，讲述深奥的美学道理。李泽厚写了《美的历程》，对中国人的审美趣味史作了概览。最近几十年来，出现了各种各样的"美学浅谈""大众美学"一类的书。宗白华主张散步美学，也是意在避免高头讲章，而在一种亲切随意的交谈中、在谈天说地式的散步中，讲述美学的道理。这样的工作，对于拉近美学与社会生活的距离，起着重要的作用。

我们的时代需要美学。当专业美学研究者的美学不能接近大众时，文学艺术家和普通大众会自发地产生出自己的美学，即前面所说的"半美学"。这种"半美学"是珍贵的、有价值的，但仍需要与专业美学家的美学维持一种对话关系，与美学家的美学相互学习。"半美学"中融合着实践的经验，但专业美学家的美学，综合了历史上美学研究成果和对美学的专业思考，两者各有其独特价值。

美学的社会普及工作是朱光潜所创立的传统，也是当今社会的需要。我们可以有写给几十个人读的书，那是专门的美学书，只给专门的美学家读。同时，我们也需要写供几十万人读的书，那是美学知识普及的书。在一个需要美学的时代，美学

家要为社会提供这样的精神食粮。专业美学家与社会大众的对话、与艺术家的对话，是极其重要的。这是美学发挥社会作用的途径，也是使美学保持活力的原动力所在。

四　中国美学自身迫切需要发展

说到中华美学的发展，我们不可避免地要再次回到古与今、中与西的问题上来。正像前面所说，在古代中国，有着传统的美学思想，这些思想有着悠久的历史，与中国人的生活方式、中国人对宇宙和世界的观念，与历代中国文学艺术家的创作，都结合在一起。到了19世纪末20世纪初，西方思想的进入，出现了作为学科的"美学"在中国的建立。这一学科建立以后，在一些大学和研究机构，就有了专人对这门学科进行研究。无论是教学和研究岗位的设立、学科体系的划分、教育机制和课程设置的形成，以及相应的出版物和连续出版物的出现，都推动着美学这个学科在中国的形成和发展。

在这个基础之上，又有了对这个学科的历史追溯，从而有人开始整理和总结这门学科在中国的形成和发展过程，撰写这个学科在中国的历史。从这个意义上讲，中华美学精神是现代人通过对古代材料的选择和提炼而形成的。当然，这绝不等于说，是今人创造了传统的中华美学精神。在古代，这种精神散

绪论　从当下实践出发，传承和发展中华美学精神

见在中国人对自然、社会、艺术的观点和做法之中，是中华传统的组成部分。今人所做的事是依据现代学科观念，对分散在各类书籍中的材料进行整理和阐释，从而形成对学科历史的追溯。从古到今、由今及古，是在研究中无时无刻不在进行着的双向互动的操作。传承和弘扬传统中华美学精神的同时，有必要将其放到一个当代的语境中，探索其当代意义。

同样的情况，也适用于西方思想的引入。我们曾经历过从"美学在中国"到"中国美学"的发展过程。学科的引入，最终要走向学术的创新。

近年来，我们经常重提"拿来主义"，并围绕着它进行新一轮的讨论。从鲁迅先生 1934 年谈"拿来主义"，至今已经 80 多年了。鲁迅先生的"拿来主义"，既反对"全盘西化"，也反对"国粹主义"，在当时，是对"五四"精神的继承和更为准确的解读。今天，我们应该怎么看？这种"拿来主义"不能丢，因此，在前些年，笔者曾提出走"拿来主义""实践标准""自主创新"之路。这是对西方美学的态度，也是对从"美学在中国"到"中国美学"观点的细化。在现代中国美学的初创期，持这样一个立场、循这样一个路径是正确的。

但是，发展到今天，中国美学的建设有了长足的发展，情况就有了很大的变化。当我们思考学术研究的出发点时，就会发现，这样一个路径，也是有可能形成误导的。是从"拿来"

开始,还是应该从问题开始?过去,只有通过"拿来"才能发现问题,而现在,我们是通过发现问题,意识到需要"拿来"。

学术研究还是要从问题开始,从当下生活中所出现的问题开始,也从当下学术处境中所出现的问题开始。循着问题思考下去,寻找问题的解答,应该成为学术研究的切入点。这样一来,三者的顺序就可以颠倒过来,从自主的"创新"出发,将创新成果放到"实践"中来检验,再"拿来"古今中外的各种资源,从中寻求启发、获取灵感、挑选使用。没有"创新"的动机,没有来自实践的要求,学术研究就失去了出发点。

五　建立当代的、实践的中国美学

无论是继承传统的美学精神,还是吸收外来的美学观点和方法,都要将重心放在当代和实践这两点上。

我们要结合当今这个时代研究中华美学精神。如果说,中华美学精神是我们的文化基因的话,那么基因只是种子,而当代中国的生活实践是土地、水和阳光。种子要有土地、水和阳光才能生根发芽、开花结果。我们不能离开当代实践,到古人那里寻找纯而又纯的中国性。

绪论　从当下实践出发，传承和发展中华美学精神

我们要结合当代审美和文学艺术的实际来研究中华美学精神，特别要关注生活和艺术中大量存在的"半美学"现象，在此基础之上，发展出当代的美学来。理论是为实践服务的，文学艺术的理论要为文学艺术的创作、欣赏和批评实际服务，美学的理论要为当下的生活实际服务。理论不是思维体操，不能离开实际搞纯而又纯的理论。

第一章　和谐之美

中国古典美学从广义上说不同于西方式的哲学美学,它是一系列充满诗性智慧的艺术思想的结合体。论及中华美学精神,"和"是其中最主要者。"和"即"和谐",它由"乐论"肇始,随着音乐理论的不断丰富,获得了更加丰富的内涵,进而成为中华美学整体精神的表征。

一　"和谐"观念起源于音乐

在中国古代众多的艺术门类中,音乐无疑是其中最为重要的一种。原因很简单,我们的祖先在还无法用成熟的语言和文字进行交流和记载的时候,往往可以凭借有节奏的声响表达情绪或者交流想法,而且随着原始先民思维、意识的逐渐成熟,音乐的形式也一步步丰富起来。我们知道,"乐"是一个多音字,读为 lè,是"快乐"的意思,读为 yuè,便

第一章　和谐之美

带有"音乐"的含义了,这就表明快乐和音乐本身就是存在天然的联系的。

除此之外,还要说明的是"音乐"一词是我们现代的概念和称谓,中国古籍中往往只称之为"乐"。这种形式上的差别,也意味着意义层面的不同,"乐"其实是涵盖了诗歌、音乐、舞蹈三者的综合性概念,这在先秦时期是十分普遍的。当时各种艺术门类还不像后世那样泾渭分明地区分开来,虽然在美学史上,我们通常认为,到了魏晋以后,诗、乐、舞的区分渐渐明朗起来。但是在中华文化的草创期,这种区分还是不明显的。现代意义上的"音乐"在先秦社会往往被称为"音"或"声",与"乐"相比较,它们更强调节奏和旋律给人听觉上带来的美感,一旦将这些声音上升到"乐"的层面,则意味着它们不但要有手持干戚、羽旄的舞者相伴,而且还要具备一定的道德功能,而它所具备的道德功能小而言之是使人的内心平和,大而言之则是使社会和谐。

因此,作为音乐的更高级概念出现的"乐",便引出了中国古典美学中一个最为核心的美学范畴——"和"。早在《尚书·舜典》[①]中就有这样的一段话:"帝曰:夔!命汝典乐,

---

[①] 由于《尚书》经过秦火之后,汉代之后的学者对之进行了较大规模的重新整理,因此对其篇章、文字甚至内容多有争议,这段文字有的学者也认为出自《尚书·尧典》中。

教胄子，直而温，宽而栗，刚而无虐，简而无傲。诗言志，歌永言，声依永，律和声。八音克谐，无相夺伦，神人以和。"目前而言，这段话是被最广泛引用的上古音乐史料，其中不仅提到了中国古代重要的"乐教"思想，也涉及了"和"这个中国美学中的最具根本性的概念。舜帝命大臣夔做典乐一职，对贵族的子弟进行教育，教育的手段当然是音乐，目的是想让这些未来的接班人具备正直而温顺、宽和而庄重、刚正而不暴虐、简朴而不傲慢的性情，简而言之就是对人的基本素质进行培养。在具体的音乐实施层面，通过声、调的配合，以及各种乐器的伴奏，最终达到人与天地、人与神灵和谐相处的状态。虽然这段记载有些神秘色彩，但它却真实地再现了我们的祖先对艺术的尊崇，更折射出他们在蒙昧状态下对天地及其自身生存境遇的美好期许。其实，中国文化始终是在合与分的辩证关系中追求一种平衡，天地最初混沌一体、卓然独化，继而阴阳分立，人与万物开始产生，这意味着原初的和谐状态被颠覆，与此同时，还存在着一种对原初的向往和怀念，世界的分化与根深蒂固的寻根情怀互为表里，就在这种持续的矛盾中，文化在演进，美获得了提纯。

如果说，上古时期"和"在音乐中最早作为一种对天人和谐的美好愿景被提出的话，那么到了春秋、战国时期其内涵则获得了更丰盈的充实。这一时期通常在思想史和美学史上被

第一章 和谐之美

有意无意地视为中国文化的"轴心时代",诸子百家对宇宙人生的理性探索,士人阶层对社会的积极情怀及其对动荡社会的深沉反思,这些都在潜移默化之中为民族文化心理的形成奠定了基础。在这段绵延五百余年的充满动荡而又获得巨大成就的历史时段中,"和"无疑成了这一时期备受推崇的理想境界,"和而不同"成了一种对现实社会的解读,也成了对理想社会的向往。《左传·昭公二十年》记载了一段齐景公与晏子的对话,景公在外游猎,晏子陪同,景公向晏子请教"和"与"同"的区别,晏子首先以肉汤做比喻,称"和如羹焉",用水、火、醋、酱、盐、梅等烹煮,配以各种不同的调料,这样肉汤方能美味可口。如此开场之后,紧接着晏子又说"声亦如味",用音乐之美来进一步阐发其对"和"的理解,美好的音乐往往是清浊、短长、疾徐、哀乐、刚柔、高下等不同声调杂相配合并相得益彰而形成的,若只是一种性质,便被称为"同",这样的音声也并不会和谐悦耳,"若琴瑟之专一,谁能听之"。通过这段对话,我们知道"和"与"同"的最明显区别在于是否能在杂多之中寻求统一,是否能够实现对性质不同的事物的承认和兼容。可以说,中国文化早在它的原初阶段就已经注意到了世界、社会、人生、美丑的变易和生生演化的趋向,与之相类似,也注意到了将这些差异进行统一的和谐之美。

而且需要指出的是,"和"所承载的和谐之美又并非如西方美学那样,过多地追求对非功利层面的关注,它本身有着鲜明的功利性色彩。西方美学史上,早在公元前6世纪出现的毕达哥拉斯学派就提出了"美就是和谐"的观点,并深刻地影响了后来的柏拉图、亚里士多德,甚至一些近代美学家。但毕达哥拉斯学派推崇的"和谐"实际上乃是从数学的角度立论的,或者说只有在形式层面上满足某种数量、比例关系才可被称为和谐。这就与中国先秦时期所推崇的"和谐"有本质的不同了,中国文化推崇的和谐实际上从来都没有脱离内容、道德、功用的维度。也可以说,中国古代美学的总体趋向其实是难以与功利性完全绝缘的。很多研究者都曾试图从字源学的角度解释这种特征,都非常重视后汉许慎在《说文解字》中的一则材料,即许慎把"美"解释为"美,甘也。从羊从大"。自此之后,"羊大则美"的观念影响深远,究其原因在于羊作为人们餐桌上的主要食物来源,唯其肥硕,才能味道甘美。由此可见,中国人对美的理解是以满足口腹之欲的直接功利性为前提的。先秦时代,人们认为"和"绝不是孤立的一种外在属性而已,它更多的是一种功能,而这种功能的载体也恰恰是音乐。在被誉为中国美学史上第一部美学专著的《乐记》中,这一点体现得尤为突出。《乐记》认为最美好的音乐是"和乐"或称"大乐",大而言之,"和乐"可以达到对宇宙的干预,所以它说"大乐与天地同和",音乐是可以干预天地和阴阳的,它既是天地和谐的产物,同时也可以使天地间万物保持本性而不丧失。小而言之,音乐可以对社会、政治乃至家庭都起到滋润和润滑的作用,"是故乐在宗庙之中,君臣上下同听之,则莫不和敬;在族长乡里之中,长幼同听之,则莫不和顺;在闺门之内,父子兄弟同听之,则莫不和亲"(《礼记·乐记》)。由此不难看出先秦时代对乐的重视,某种程度上音乐扮演着礼仪规范的助力者的角色,两者虽然性质不同,但从功能的角度都是期望达到社会和人生的和谐。

二 乐与礼的互补

礼、乐的互补是中国古代基本的社会治理思想,同时也逐渐内化为中国人基本的人格特质。乐更侧重对人的感性层面的锻造,其来源于人的内在情感,无论在《乐记》还是在《毛诗序》中,都有关于艺术来源于情感的描述,"情动于中而形于言,言之不足,故嗟叹之,嗟叹之不足,故永歌之,永歌之不足,不知手之舞之足之蹈之也"。秦汉时期人们已经开始意识到情感对于艺术的重要性,为了将内在的情感加以充分表达,往往会以歌舞的形式进行展示。乐又具有对人的情感的反作用力,当人心失去平衡而产生苦痛的时候,又往往会借助艺术享受，重新获得内在的诗意存在，这种内在的诗意，先秦儒家往往用"静"来表示，在他们看来"人生而静"，"静"是人的天性，音乐的目的就是要使人返回到人性尚未受到污染的本真状态。

与乐相比，礼是外在的，是理性的，更是一种社会约束。乐作用于内心，而礼作用于身体行为，在《乐记》中将这种区别表述为"致乐以治心""致礼以治躬"。中国历史上，从制度层面将两者统一起来的时期是周代。周代的礼乐制度不仅是后世礼乐制度的雏形，同时也构成了春秋以后文人心目中的理想形态。周代的礼仪规范已经十分完备，周礼分为五大类：吉、凶、军、宾、嘉。吉礼是在祭祀、封禅等仪式上运用的礼仪；凶礼主要用于丧葬、灾变之事；军礼是与军旅有关的礼仪；宾礼是与朝拜、会盟有关的礼仪；嘉礼主要被施用于婚庆、宴会等庆典之中。在五礼中，还要以吉礼和军礼为主，所谓"国之大事，在祀与戎"[1]，祭祀是祈求神灵及祖先的佑护，寻找心灵的平和与满足，征伐则属于现实层面的开疆扩土，两者相互结合形成了先秦时期人们对精神世界和现实社会的双重寄托。

周代的音乐制度也在某种程度上带有礼仪性，前面已经

---

[1] 杨伯峻编：《春秋左传注》，中华书局1990年版，第861页。

第一章 和谐之美

讲过，音乐是在人类产生之初就如影随形的，但将音乐与伦理道德乃至社会制度联系在一起，则是周代以后的事情了。相传周公"制礼作乐"，实际上礼仪和音乐绝对不可能是周公凭借一己之力就能完成的。合理的解释是，周公做了将夏、商以来的礼仪和音乐进行重新建设的工作，其重要的举措就是将两者道德化和仪式化，从而使它们具备了社会性。周代贵族子弟的教育内容包括礼、乐、射、御、书、数，史称"六艺"，礼和乐是其中最为主要的两项内容，与后四项相比，它们不仅仅是一种纯粹的技术或技能。这一点我们也可从其他方面来解释，上古时期主理音乐的"典乐"一职，在周代称为"大司乐"，他手下的若干官员各司其职，保证重要庆典活动的顺利进行。《周礼·春官·大司乐》中详细记载了大司乐的主要职能，大司乐除了管理音乐之外，还负责整个国家教育制度的制定，以及与教育有关的其他事务。在音乐方面，其教育的内容包括三方面："乐德""乐语""乐舞"。三者当中，"乐德"是最为主要的，那么"乐德"是什么意思呢？简而言之，即是音乐的品德。在周代人看来，音乐已经不再是纯粹的音声和旋律，它自身蕴含着中和、孝顺、友爱等基因。今天看来，这样的音乐应该属于旋律温柔和缓、表现内容健康向上的一类。用这样的音乐进行教化，久而久之便会影响人的人格和性情。"乐语"和"乐舞"主要是指音乐技巧、演奏篇目和表演程式之类，它们与"乐德"相比而言，地位就要逊色一些了。正是因为周代人看到了音乐在教化上的巨大潜能，所以它几乎成了每个贵族子弟的必修课，甚至对音乐的教育比礼仪教育还要早些。周礼规定儿童长到十三岁便开始接受音乐教育，到了二十岁成年的时候，才开始学礼。[①] 在这一过程中，音乐充当了启蒙的角色，而礼的教育则可以进一步增进人们对道德的理解。

然而，周代开创的礼乐制度又并非完美无瑕。通过上面的分析，我们知道，周代礼乐制度的核心其实是道德教化，但问题就在这里，单纯依靠道德层面的自觉来保证社会的和谐、稳定，显然是理想化的。这也是周代后期礼崩乐坏的深层原因，人性自身的弱点，导致纯粹的道德约束往往会失效。

春秋时期，孔子是一位重要的礼乐文化的传承者，也是一位对道德约束充满坚定信念的理想者。他不仅精通周礼，对夏礼、殷礼也有十分深刻的认识。周室衰微，各个诸侯国表面上虽然仍然承认周天子，但实际上周天子仅仅是附庸而已，这种情况令孔子痛心疾首，面对礼崩乐坏的现实背景，孔子一生都在积极恢复周代的礼乐制度。就个人而言，孔子反复强调

[①] （清）孙希旦：《礼记集解》，中华书局1989年版，第724页。

第一章 和谐之美

"不学礼,无以立"(《论语·季氏》);就社会而言,孔子主张"为国以礼"(《论语·先进》),当他看到鲁国贵族季孙氏居然以天子才能享用的"八佾"(即64人舞队)阵容表演舞蹈时,便发出"是可忍孰不可忍"的慨叹;当鲁国三桓(即叔孙、孟孙、季孙三家贵族)在祭祀时演奏超越规格的乐歌《雍》时,他倍感震惊(《论语·八佾》)。所以,孔子积极恢复周礼的目的其实是想实现其对理想社会的皈依,以"知其不可而为之"(《论语·宪问》)的心态,努力为自己的理想付出。而且,在先秦儒家看来,礼与乐绝不仅仅只是外在的形式,外表的谦恭、敬畏不能代表礼的全部,外表的钟鼓齐鸣也不代表乐的兴盛,"礼云礼云,玉帛云乎哉?乐云乐云,钟鼓云乎哉?"(《论语·阳货》)恰恰是对这种情况的反思。相比于外在的形式,发自内心地对君主、父兄、朋友的尊重和关爱才是最为根本的,这也是孔子心中期望实现的理想社会秩序。

孔子之后,孟子将这种情怀继续保持着,孟子劝谏执政者的最重要工具仍然是"礼"与"德",强调"以德服人"(《孟子·公孙丑章句上》),相较而言,荀子的思想则更具现实意义。荀子一方面仍然推崇音乐,著有《乐论》一文,但另一方面则将"礼"演化为"法"。本质上来看,礼与法的核心内涵是相同的,都是强调等级规范,以及这些规范的合理性。但后者往往是强制性的,举个例子,孔子主张"道之以德，齐之以礼"①，而荀子则强调"法之所不至者必废"②，前者是建立在道德层面上的，而后者则属于一种硬性的规定了。事实证明，荀子的思想是具有进步性的，用艺术来培养公民的道德，用法律做日常行为的强制性规范，乐与法的结合实际上乃是礼乐制度的升华。可惜的是，紧接着的秦代统治者却仅仅注意到了法的层面，这与周代相比，又滑向了另一个极端。

三 声音之道与政通

中国古代，在很长一段时间内，人们对世界的认识往往是带有整体性的。世界、宇宙在他们看来是一个有机的整体，天、地、人是存在某种神秘的一致性的，万事万物之间也是存在彼此的感应关系的。在美学史上，我们通常称中国文化的这种特征为"以类相动"（《乐记·乐象》）。

"以类相动"观念最早源于原始先民对宇宙的看法，对他们而言，渺远灿烂的星空、日月循环的周流无滞、人的生卒祸福都是想要探索的对象。据考古发现，早在新石器时代，在地处中原的仰韶文化和龙山文化中就已经出现了种植业，并表现

---

① 杨伯峻：《论语译注》，中华书局1980年版，第12页。
② 熊公哲：《荀子》，重庆出版社2009年版，上册，第154页。

第一章 和谐之美

出农、牧相结合的经济形态,到了春秋时期,农业已经占据主导。农耕文化的逐步形成,影响了人们的宇宙观,安土重迁的生活方式,使得人们对世界的看法逐渐固定化,并乐于以整体化的思维方式来思考事物。这一点在《周易》中便有非常充分的体现,在《周易·系辞》中曾有一段对《易经》基本思维的言说:

> 古者包牺氏之王天下也,仰则观象于天,俯则观法于地,观鸟兽之文,与地之宜,近取诸身,远取诸物,于是始作八卦,以通神明之德,以类万物之情。①

这段话很清楚地表明,万物之间是有联系的,八卦就是取法天地及万物而产生的,它的功用是展示万物变化的规律。美学史上通常将《周易》的这种方式叫作"观物取象",事实上,观物取象的潜在指导思想就是"以类相动"的基本世界观。观物取象能够发生的前提是,认为物象带有宇宙的某种属性,对"象"的认知和把握,就意味着对宇宙某种规律的理解。相应地,物象的运动也便意味着世界的变革。《周易》正是基于这个基本认识,用阴阳二爻代表天地,同时用三画卦代

---

① 周振甫:《周易译注》,中华书局1991年版,第256页。

表天、地、人"三才",在最基本的八个卦象中用乾代表天,坤代表地,巽代表风,震代表雷,坎代表水,离代表火,艮代表山,兑代表泽。它们互相组合便涵盖了人世间的种种灾祸、喜乐乃至变化。

如果说《周易》向我们展示的是先秦时期对"以类相动"观念的整体性认知的话,那么在艺术领域对之进行诠释的,则是《乐记》。这篇文章系统地说明了音乐的产生过程,它认为人心和外物之间是存在某种联系的,音乐恰恰是将两者相互感应所产生的感受表达出来的媒介。

从这种基本的观念出发,《乐记》进一步认为音乐与政治之间是存在"以类相动"的现象的。乐音与现实社会之间存在密切联系,这是《乐记》的重要思想,而且这种联系带有某种神秘色彩,它说:"宫为君,商为臣,角为民,徵为事,羽为物。"宫、商、角、徵、羽与人类社会形成了某种神秘的对应关系,五音之间的等级性,为现实社会君贵民轻的观念找到了根据,五音之间若出现淆乱的情况,便预示着国家政治的不景气。所以在《乐记》中又出现了所谓的"治世之音""乱世之音"以及"亡国之音"的区别,"治世之音"的特征是安详而快乐,这预示着政治状况良好,人民安乐;乱世的音乐,充满怨恨和愤怒的情绪,表明政治状况非常差;亡国时期的音乐,则带有深沉的哀思,这往往是民众困苦的表现。

第一章 和谐之美

《乐记》在讨论了音乐与政治的具体联系之后，明确地提出了"声音之道与政通"的命题。在整个中国思想史和美学史上，这一观念的影响已经远远超出了音乐领域，从而带有了文化层面和艺术层面的双重意义。就文化层面来说，汉代经学中弥漫的谶纬色彩，便与之存在某种一致性，所谓"谶纬"是"谶"与"纬"的合称，前者指带有迷信色彩的隐语、暗语，后者是汉代人模仿先秦儒家经典创作的一些著作。汉代纬书的通行做法是在其中掺入预言吉凶的暗语，这些暗语以及社会上出现的各种所谓的"祥瑞"，实际上最终的指向是政治状况。这样，政治与典籍便构成了一种神秘的联系。就艺术层面而言，中国艺术自周代以后，就与社会政治保持着密切的联系，孔子主张"诗可以观"（《论语·阳货》），实际上其前身来自"乐可以观"，《左传·襄公二十九年》就有"季札观乐"的记载，季札是当时吴国的公子，前往鲁国访问，期望欣赏一下鲁国保留下来的周代乐章，于是便举行了一场盛大的观乐活动，当不同风格的乐章响起的时候，季札仿佛都能从中感知到当时社会的道德状况。这次观乐活动，发生在孔子之前，当然就更没有孔子所谓的"诗可以观"的命题了。先秦之后，汉代设立乐府，其基本职能是"采风"，可以说，乐府制度的深层原因当是基于艺术与政治之间的相关性。从这个意义上说，《乐记》提到的"声音之道与政通"便是对中国古代艺术价值论的总体概述。

先秦时代，体现音乐与社会关系的另一个有意思的现象是人们对"古乐"与"新声"的不同态度。其实两者的区别是相对的，不同时代对它们的界定也会有所不同，就先秦时期来讲，"古乐"倾向于指黄帝、尧、舜、禹、商汤、周武王时期的音乐，这些音乐如《咸池》《大章》《韶》《濩》《武》等①，它们因为诞生于盛世，所以表现的内容多是正面的，能够符合儒家温柔敦厚的审美标准。"新声"则与之相反，它们或者是乱世的产物，或者是亡国时期的作品，因此情绪宣泄多是不加节制的。

乱世音乐的代表是"郑卫之音"，顾名思义，"郑卫之音"即是春秋时期郑地和卫地的民歌，现在《诗经》中存诗31首，由于郑地、卫地原来属于商民族的居住区，所以与周朝的政治中心始终保持若即若离的关系，加之固有文化的积淀，使这两个地方的民歌大多表现出奔放而热烈的抒情色彩。正因如此，孔子直言"郑声淫"（《论语·阳货》），这种评价影响深远，所以在中国历史上一概将郑地、卫地的音乐以"声""音"称呼，而绝不将它们上升到"乐"的高度。亡国之音的

---

① 陈奇猷：《吕氏春秋新校释》，上海古籍出版社2002年版，上册，第287—290页。

第一章 和谐之美

代表是所谓的"桑间濮上之音"(《礼记·乐记》)。相传濮水之畔有一处叫桑间的地方,商纣王曾经让一个叫延的乐师为他创作靡靡之音,纣王听后深陷其中,乐此不疲,后来商朝灭亡,乐师延也投濮水而死。所以后世通常牵强地将商的灭亡与靡靡之音联系在一起,"桑间濮上之音"也便成了亡国之音的代名词。对"郑卫之音""桑间濮上之音"的警惕,在春秋以后变得越发严重,且统统将它们归入"新声"的行列,所以先秦时期的审美标准绝不是形式主义的,内容的道德性亦是其考虑对象,且有时还会出现内容压倒形式的情况。但有趣的是,人们在欣赏新声时往往会产生某种"错乱",《乐记·魏文侯》篇说魏文侯听古乐就昏昏欲睡,而一听新声则不知疲倦,它似乎告诉我们,真正的艺术欣赏常常是以形式、感觉为主的,这就涉及了美学领域中一直持续的一种争论,美在形式还是美在内容,不同的时期、不同的民族、不同的国度,对这一问题的认识往往会有很大差别。

归结起来,先秦时期对"古乐"与"新声"的不同态度对于后世来说,类似于一种审美评价的标杆,同时这种审美倾向本身也充满着复杂性,或者说具备明显的内在张力,它反映的不仅是理智与情感的冲突,更是艺术标准与政治标准的冲突。这些冲突在中国美学史上一直未曾中断。

四　中国艺术的"和谐"追求

前面谈到的乐与礼的互补、乐与政治的联系，实际上都是围绕"和谐"这一基本母题展开的，"和谐"的观念从音乐领域产生以后，不仅仅只是对礼仪和社会政治层面有所渗透，它作为中国古代的基本艺术精神，在艺术领域中获得了最为充分的体现。概而言之，中国艺术的"和谐"之美具体表现为三种"追求"：追求与人心的和谐、追求与天地的和谐、追求与社会的和谐。

首先，就与人心的和谐来说，中国艺术是一种重视情感、重视性灵的艺术。它对创作主体的要求非常严格，作品中展示出的深远的境界，往往与创作者的健全人格和诗意存在密不可分。所以，中国古代的文人非常注重自身内在的修为。欲求艺术水平的精进，先要锻炼和完善自己的素养。因此，对于古人来说，内在的和谐是艺术和谐的基石。在春秋时期，人们普遍将音乐看成塑造完美人格的工具，孔子说"兴于诗，立于礼，成于乐"[1]，即是说通过诗歌进行启蒙，使人掌握基本的文化知识，认识鸟兽虫鱼，通过礼仪教育使人得以在社会上更好地

---

[1] 杨伯峻：《论语译注》，中华书局1980年版，第81页。

第一章 和谐之美

生活，变成社会人。然而，有了基本的知识，懂得社会礼俗，仅仅是成为完善的人的基础。一个健全的人格，必须要接受艺术的熏陶，音乐恰是这种艺术熏陶的主要手段。因为，和谐而优美的音乐会对人的性情起到潜移默化的作用，久而久之，人性获得净化，这往往会成为艺术家创造出优秀作品的内在准备。这里，我们不由得联想到西方美学史上两个重要的美学家，一位是古希腊的亚里士多德，一位是古罗马的贺拉斯。亚里士多德在《诗学》中系统地讨论了悲剧，并认为悲剧具有其他艺术不具备的功能——净化，其基本思路是当人们欣赏悲剧的时候，往往会联想到自身，进而产生或怜悯或恐惧的情绪，这个过程恰恰触碰到人心中最柔软的一部分，久而久之，会令人的精神境界得以提升。与亚里士多德类似，贺拉斯在《诗艺》中提出了著名的"寓教于乐"的观点，说的是以让人容易接受的方式，潜移默化地对受教育的对象施加影响。虽然，亚里士多德和贺拉斯的思想与本文所谈的"成于乐"，所凭借的艺术手段不同，而且也存在天然的文化鸿沟，但它们在基本的思路上是相通的，都看到了艺术对人性的潜在影响。心灵的净化、人性的完善为艺术中"和谐"之美的产生奠定了基础。

其次，是追求与天地的和谐。"天地"在中国哲学、美学中是一个内容博大的概念，概而言之是指超越人们感知层面的某种自然规律。《周易》中有这样一段话:"夫大人者,与天地合其德,与日月合其明,与四时合其序,与鬼神合其吉凶。"① 这段话虽是针对理想的圣人人格来说的,但在某种程度上则也代表了中国人的某种整体性思维,"天人合一"的境界几乎成了做人、做事的共同追求,艺术当然也不例外。如果用《乐记》中提到的"与天地同和"的标准来审视整个中国艺术史的话,我们会发现,一些熟悉的美学概念如情景、虚实、动静、形神、气韵、意境,就它们的本质来说,实际上都是在寻求一种与自然的统一。

在文学中,汉代人认为"诗者,天地之心"②,认为诗歌是天地精华的凝结,文学可与天地之精神往来。那么,天地的精神如何体现呢?古人认为可以靠"虚"来体现。进而,"虚"是怎样描绘出来的呢?古人又认为,"虚"实际上是不能出现在人们面前的,合理的途径是通过有形的形象,使人们在有形的形象中体会无形的意蕴,因此推崇"立象以尽意"(《周易·系辞》)的方式。就是借助人们的想象和联想,去自觉地感悟,感悟所得即是每个人的"天地"。唐代的司空图用"象外之象,景外之景"(《与极浦书》)十分生动地描绘了

---

① 周振甫:《周易译注》,中华书局1991年版,第9页。
② 《诗纬·含神雾》,载张少康、卢永璘《先秦两汉文论选》,人民文学出版社1999年版,第478页。

第一章 和谐之美

"天地"在诗歌中的存在形态,诗歌中描绘的日月独照、雪月空明、孤山行旅,这些形象本身固然重要,但更为重要的则是诗人借以传达的自然之趣和人生之思。

在文学之外的其他艺术门类中,亦是如此。绘画中,唐代著名画论家张彦远就认为"自然者为上品之上",其所著的《历代名画记》有绘画史上的《史记》之誉,书中将唐代之前的绘画分成五个等级,其中第一个等级就是自然,这种认识不仅是对魏晋以来山水画的总结,同时对宋元以后绘画的美学追求也影响深远。在书法领域,更是追求与"自然之妙"的统一,真正好的书法作品讲究"气韵生动",讲究笔法、结构、墨色的自然天成,相传王羲之观白鹅行于水中而悟得自然流畅之美;怀素观云彩的千变万化,而领会草书之法;颜真卿看到漏室中滴落的雨痕,而取法其苍劲精神。且古人评价书法多用龙飞凤舞、天马行空、行云流水、烟云升腾等进行比喻,足见对自然之美的推崇。同样地,园林、雕塑、民居几乎无一例外地追求自然天趣,尽量在有限的视像中追求无限的想象,进而形成了中国造型艺术的独特品格。

再次,中国艺术追求与社会的和谐。上文已经提到,中国艺术从产生之日起,就与社会存在天然的联系。先秦时期,这种联系体现为与社会道德的一致性,即好的艺术品需要具备"通伦理"的属性。先秦之后,这种联系则体现为与"道统"

的相关性。那么"道德"与"道统"是什么关系呢?前者是一种相对松散的行为规定,后者则将这些规定加以确立并形成体系,从而成为一套相对严密的礼教系统。中国文化中"道统"的形成和发展是沿着礼—法—理的脉络发展的,先秦道德以"礼"为主,秦代以后"法"取得地位,到了宋明,"天理"完成了对道统的塑造过程,并逐渐成了一种国家意识形态。这一过程中,作为社会存在物的艺术,当然不可避免地受到影响,并表现出对道统的皈依。孔子是较早看到文艺与社会之间关系的人,在《论语·先进》中有一段我们非常熟悉的文字,说的是子路、曾点、冉求、公西赤四个弟子陪孔子聊人生理想,在子路、冉求、公西赤说完自己的人生抱负之后,曾点却来了一段"浴乎沂,风乎舞雩,咏而归"的表态,看起来与前三者格格不入,这时孔子却说"吾与点也"。表面看来,这种洒脱的生存状态似乎与孔子一贯的言行大相径庭,但仔细想来,这恰是孔子心目中理想社会的应然面貌,在这样的社会中,人的存在是诗意的,人们的"歌咏"也变成无功利的了。但事实上,孔子的理想社会在中国古代并未出现,于是相应地,艺术便必然地要承担"载道"的角色,以期通过自己的努力达到"再使风俗淳"(《奉赠韦左丞文二十二韵》)的目的,于是追求社会的和谐成了艺术的重要职责。到了唐代,儒家文艺观中的"道统"思想初步形成,韩愈、柳宗元

第一章 和谐之美

明确提到了"文以明道"的主张，宋代以欧阳修为代表的古文运动的倡导者们，进一步沿着韩、柳的思路进行创作，并将其推而广之。最终，在宋代理学的开创者周敦颐这里，将艺术与道统的关系固定下来，形成了影响深远的"文以载道"观念。可以说，"文以载道"不仅是对先秦以来艺术与社会关系的再度明确，同时也是中国古代衡量艺术价值的重要标准，并成为很多文人及其作品努力践行的创作法则。

综上，中国美学以崇尚"和谐之美"为重要特征，对"和"的追求是我们祖先的基本世界观，并在音乐领域获得了最早的展现。这种美学思想在发展过程中，逐步渗透到社会的方方面面，先秦社会推崇的乐与礼和谐统一，实际上说的是政治层面上德治与法治的关系，两者结合会使社会既生机盎然、百花争艳，同时又井然有序、尊卑分明。社会的和谐同时又为人性的和谐提供了条件，进而也有利于优秀艺术作品的产生。在中国古典美学中，具有和谐美的作品往往能够与天地自然相互映射，同人的诗性生存相联系，最终又能对社会的健康发展提供帮助。这样，在人与社会的发展过程中，就呈现出生生不息的互相作用、循环往复的良性关系，这乃是"和"的最高境界和最终归宿。

第二章 温润与深情

中国是一个诗的国度,以诗吟咏记录我们的伦理与日常生活历史悠久。最早的诗歌总集《诗三百》就全面吟咏和记录了周代的社会生活。除此之外,当时的周王朝还通过诗乐舞统合的艺术形式演礼教化子民,建立典乐文化政治制度,以期实现"情深而文明"(《礼记·乐记》)、"以文化成天下"(《周易·贲卦》)的治世目的。这种运用艺术手段经世治国的思维,发展出乐教和诗教理论,形成中国独有的礼乐文化传统,充溢着儒家温润与深情的诗学精神,对后世影响深远。不仅给我们留下了很多娱情修己的审美经验和翘楚东方的经典美学思想,今天也正在逐步影响着西方世界。

一 诗言志

"诗言志"理论,是儒家传统经典美学思想,也是中国诗

第二章　温润与深情

论的"开山纲领",最早出现在《尚书·舜典》中。舜帝为尧帝守孝三年后祭祀太庙,重新启动乐音,摄政治事,安部抚民。他命令夔做"典乐"官:"夔,命汝典乐,教胄子,直而温,宽而栗,刚而无虐,简而无傲。诗言志,歌永言,声依永,律和声。八音克谐,无相夺伦,神人以和。"这里,舜帝是将其作为一种教育方法提出,孔子则是将其作为一种诗学理论进行归纳。上海博物馆藏书《孔子诗论》开篇第一简即可看到"诗言志"的理论表述——子曰:诗无隐志,乐无隐情,文无隐言。

1. 诗无隐志

"无隐"即是"充分",诗无隐志,就是强调诗必须充分言志,这是孔子在"诗言志"基础上对中国传统诗学思想的进一步明确。言说者既可以是诗歌作者,也可以是赋诗之人。孔子意在强调诗文必须充分表志,才能让读者把握诗文主旨意图,传递思想情感,实现其功用目的。

舜帝提出的教化方法是歌诗言志,与朱自清先生论述的"教诗明志"(朱自清《诗言志辨》)大同小异,皆意在"动天地,感鬼神""经夫妇,成孝敬,厚人伦,美教化,移风俗"(《诗大序》),让天地有感,人臣有德,人神以和,社会有序。后来春秋时代行人往来游说诸国,人们在典礼宴会乃至日常生活交往中也流行断章取义借用《诗经》中的诗句"赋诗言志"，委婉表达言说者的思想意图，"赋诗言志"于是成为春秋时代一种很时髦的社会风尚。所以孔子会教育儿子说："不学诗，无以言"（《论语·季氏》）。

可见"诗言志"思想最早不是从诗歌创作角度提出的，而是出于功用；不是对作诗理论的强调，而是华夏民族用诗理论的开篇。不过，在诗歌创作中，必然也须充分表达创作者的情志，即"作诗言志"。如在《诗经·魏风·硕鼠》中，就采用回环往复手法，充分表达出创作诗歌的人们对残暴统治者的控诉与憎恶：

硕鼠硕鼠，无食我黍！三岁贯女，莫我肯顾。逝将去女，适彼乐土。乐土乐土，爰得我所？硕鼠硕鼠，无食我麦！三岁贯女，莫我肯德。逝将去女，适彼乐国。乐国乐国，爰得我直？硕鼠硕鼠，无食我苗！三岁贯女，莫我肯劳。逝将去女，适彼乐郊。乐郊乐郊，谁之永号？

后世随着情志的各自强调，尤其以陆机提出的"诗缘情而绮靡"（《文赋》）为发端，"诗言志"逐步发展演变成"载道"和"缘情"两派。唐宋时代提倡的"文以明道""文以载道"思想，又被很多人认为是对上古"诗言志"理论的继承与发展，成为"载道派"的代表思想。其实把上古"言志"

单纯囿于"载道",是语义范围的缩小,因为古今之"志",所指并不相同。

2. 文无隐言

"诗言志"要做到"诗无隐志",前提必须做到"文无隐言"。"文无隐言",即"文以足言"的意思。《左传·襄公二十五年》就有记载:"言以足志,文以足言。"也就是说,诗歌的文辞须能充分地表情达意,展示说话人的思想情感。

"文无隐言"虽由儒家创始人孔子提出,但并非儒家独有。因为春秋战国时代百家争鸣,各种思想学说互相论辩,各家言说者观点纷纭。他们都希望言语能够充分、清晰表述自己所推崇流派的思想,以争取到更多人的信仰和追随。因此追求"文无隐言"的艺术表达效果,已是各家及各流派言语表达者的共同追求。"文无隐言"与"诗言志"一样,都是当时普遍推崇遵守的社会风尚。只是孔子书面概括彰显出这一美学特征,使其成为后世传颂的儒家经典美学思想罢了。

那么从"言以足志、文以足言"来看,"文""言""志"之间到底是怎样的关系呢?这句话用现代汉语解释就是:语言要充分明确地表情达意,文章要清晰明确地运用语言,一句话概括就是要运用清晰准确的语言充分明确地表情达意。如果说"文"与"言"是指形式,"志"就是形式所承载的意义,而"言"构成"文","文"表达"志"。"诗"与"文"都要明确充分地表达意志，但是能否充分明确，取决于语言能否清晰充分地构成诗文。简单说，就是"言"决定了"志"的表达。那么，又是什么决定了言呢？

《诗大序》中说，"在心为志，发言为诗"；《尚书蔡注考误》有："心有所之，必行于言。"由此可见，是否"言"，如何"言"，是由"心"决定的。心有所想，必然要通过语言感发表达，表达出来就成为诗文。在心里想的时候是心志，表达出来便是诗文，因此诗文就是言说者意志情感的表达。而能否做到"诗无隐志"，首先必须做到"文无隐言"，使在心之志，发言为诗，从而才能实现"诗言志"的目的。

3. 乐无隐情

"诗言志"最早是舜帝在治理部落政事过程中，提出的教化子民的方法。这种运用歌诗演礼教化民心的方法，后来被人们称为"乐教"。孔子梳理形成的一整套"诗言志"思想，强调"诗无隐志、乐无隐情、文无隐言"（《孔子诗论》），强调君子"兴于诗、立于礼、成于乐"（《论语·泰伯》），指出"诗可以兴，可以观，可以群，可以怨"（《论语·阳货》），这些思想汇聚成为儒家经典的"诗教"理论。而无论"乐教"还是"诗教"，其核心思想都是"诗言志"，意在将"志"艺术地传达给人们，只不过前者更注重情感共鸣，后者更强调思想引导。

第二章 温润与深情

那么，如何才能实现教化目的呢？舜帝的方法是让"诗言志，歌永言，声依永，律和声"（《尚书·舜典》），也显示出在演礼过程中，诗、乐、舞、歌等的内部分工。其中，"言"来自"情"，因为"情动于中而形于言"（《诗大序》）。而"在心为志，发言为诗"（《诗大序》），可见"情"与"志"皆萌生于心中，情志一也。言志之诗最初本是祭祀时，巫师嘴中喃喃，手足舞之，沟通天地及先祖的话语。因为表述不够充分，所以巫师嗟叹，嗟叹后还不足以充分表意，巫师便唱起来，进而手舞足蹈跳起来，即"言之不足，故嗟叹之；嗟叹之不足，故永歌之；永歌之不足，不知手之舞之，足之蹈之也"（《诗大序》）。

随着巫师对言志之诗的歌舞表演，声音配合着歌的咏唱，音律应和着八音的节奏，这歌、声、律就共同构成了伴唱诗的"乐"，引起被教化对象的情感共鸣，进而在审美愉悦的过程中，自然而然地接受这种礼乐规范与政治教化。这也恰恰是为什么，人们会在歌诗演礼的过程中，最早明显感受到的首先会是"乐"，而不是文字语言意义上的"诗"的缘故。所以孔子在其诗论开篇即说"诗无隐志、乐无隐情、文无隐言"（《孔子诗论》），因为乐不仅侧重于表达情感，还强调必须要充分表达。在歌诗的艺术形式中，恰恰是乐无隐情的自然流淌，才得以通过唤醒审美情感的共鸣，促使观者自然而然、心甘情愿地接受其教化之志。

　　这种通过乐教，塑造心灵和个体品性，使人脱离动物界走向个体文明；培养德行和群体风范，使百姓安抚走向社会文明；沟通天地先祖与世人，使神人以和、万物有序的管理方法，经过周公制礼作乐，又通过一系列礼、乐演示程序和行为规范的确立与固化，使华夏民族日常生活礼仪化、礼乐生活制度化，从而形成传统典乐文化政治制度。由此我们不难看出华夏民族自古就有的尚和思想与崇尚天地人和之和谐美学的基因。

二　美在温润

　　前面所说的"诗言志""诗无隐志""不学诗，无以言"，以及春秋时代的风尚"赋诗言志""教诗明志"等，其中的"诗"当时所指唯一，都是《诗三百》（《诗经》）。孔子以"思无邪"（《论语·为政》）来赞誉整部诗集，以"乐而不淫，哀而不伤"（《论语·八佾》）来评价开篇写男女相求相恋的歌诗《关雎》，也因此鲜明地建构起"中和"的审美评价标准。

1. 乐而不淫，哀而不伤

　　"子曰：'《关雎》，乐而不淫，哀而不伤。'"（《论语·八

第二章　温润与深情

俏》）这是孔子对《关雎》歌诗的审美判断。孔子认为这首诗中的人物与情感、故事的情节与意境，都是美的。那么这是一种怎样的美呢？

我们且看诗中的主人公：淑女窈窕勤劳，君子倜傥擅乐。故事的情节是这样的：窈窕淑女，在河洲采摘荇菜，静美淑仪，赢得谦谦君子之心。君子回家后辗转反侧难以入眠，日夜思念这位佳人，希望和她结为人生好伴侣。"寤寐思之""寤寐思服""辗转反侧"皆因"求之不得"，所以此时君子的内心是焦灼的，感情上是遗憾、难过、悲哀的。到这儿，情节陡然一转，君子感动了淑女，两情相悦而唱和。君子以琴瑟和钟鼓乐声愉悦淑女，有情人终成眷属，此时君子的心是快乐的。但是无论不得时的悲哀难过，还是琴瑟友之中的幸福快乐，这里的情感表达是有礼有节不逾矩、有情有义不逾度的。孔子推崇这样的美感，哀乐适度、冷暖适中、温润而泽（《礼记·聘义》）、恰到好处，不惊天、不动地，却世代闪耀着温润如玉、和谐动人的光辉。

这种恰到好处的温润之美放在《诗三百》开篇第一首，孔子有他的用意。《礼记·中庸》言："喜怒哀乐之未发谓之中，发而皆中节谓之和。中也者，天下之大本也；和也者，天下之达道也。致中和，天地位焉，万物育焉。"由此可见，《关雎》其温润之美正是哀乐适度、恰到好处的中和之美，彰显了天下之大本、天下之达道精神。孔子说"《关雎》以色喻于礼"(《孔子诗论》),而我们知道,那琴瑟、鼓乐就是上古演礼之乐器,节制有度的情感表达也恰恰体现了君子和淑女对礼的遵守与弘扬。这样描述男女相遇相识、深爱相恋的歌诗放在《诗三百》开篇,既是诗的浪漫开篇,也是人类日常生活的幸福开始。因为他们敬守礼仪、谐致中和,恰恰预示着天地有位、万物繁衍、生生不息的美好开端。

2. 思无邪

子曰:"《诗》三百,一言以蔽之,曰:'思无邪'。"(《论语·为政》)"无邪"即是"正","思无邪"就是思想中正无邪,情感醇和雅正,这也符合孔子对"中和"之美的判断标准与理想追求。但是,《诗三百》这305篇诗,真的都是"思无邪"的吗?

我们知道,孔子删诗结集《诗三百》,其中"十五国风"160篇、"雅"105篇、"颂"40篇,客观上这些歌诗并非都是孔子推崇的具有中和之美的"思无邪"诗作。孔子告诫弟子"放郑声,远佞人。郑声淫,佞人殆"(《论语·卫灵公》),说明诗集中收录的诗文至少21首郑风就不符合孔子"思无邪"的评价标准,类似情况应该还有。那么问题来了,孔子赞誉整部诗集"思无邪"是什么用意?"思无邪"到底指什么?

第二章 温润与深情

孔子生活的时代，周王朝礼乐繁华、和谐有序的帷幕已经落下。面对礼崩乐坏、诗乐分家、社会无序的残酷现实，孔子希望重建周礼雅乐体系，通过复礼和诗教来定国安邦。因此孔子删诗结集，希望树立一个涵盖社会生活方方面面礼仪的诗集作为典范，这样无论正面样板还是反面示例，都有助于大家学习借鉴。而且这个借鉴是双向的，既让臣民读诗、学礼规范自己的言行，培养谦谦君子效忠国家，又让君王通过观诗察考民生现状，读到《硕鼠》类诗篇收敛贪婪苛政；君臣皆通过学习雅颂演礼各司其位，从而实现家国天下的长治久安。

"中正无邪，礼之质也"（《礼记·乐记》）。由此可见，孔子推崇的"思无邪"实际旨在通过诗教复礼，实现其"上以风化下，下以风刺上"（《诗大序》）的社会功能。这样一来，"彼虽以有邪之思做之，而我以无邪之思读之。则彼之自状其丑者，乃所以为吾警惧惩创之资"（《朱文公文集》）。自然使我们的心灵得到净化，思想变得醇和雅正，实现孔子"思无邪"的教化目的。恰恰是通过《诗三百》的典范树立和风化作用的实现，要求诗作合乎诗教原则、合乎中和审美标准，"思无邪"也成为儒家自孔子以来一以贯之的美学传统。

三 发乎情，止乎礼义

通过前面的了解，我们知道"诗言志"是"情志一也"的表达，其在心为志，发言为诗。发言为诗还必须符合"乐而不淫，哀而不伤"（《论语·八佾》）的中和审美标准，因为孔子删诗结集的初衷，就是希望在礼崩乐坏的时代，通过《诗三百》树立教化的言行典范，以恢复周礼盛世，使君臣温柔敦厚、心气平和；使社会和谐有序、国泰民安；使八音克谐、天地人和。

从孔子诗论发展到汉代的《诗大序》，在继承"诗言志"传统的基础上，对"情"的认识也在不断强化。《诗大序》提出了"吟咏情性""变风变雅""发乎情、止乎礼义"等诗学命题与诗学原则，中国古典诗学的正变批评也由此萌生。汉儒对屈原其人其作的争议，最终在王逸那里画上了句号，王逸对屈原人格与创作的肯定，确立了中国诗学史上与《诗三百》传统相并行的另一诗歌传统：屈骚传统。它以"香草""美人"的比兴范式标识了独特的风雅之变。

1. 吟咏情性

《诗大序》中说，"诗者，志之所之也。在心为志，发言为诗……情发于声，声成文谓之音……吟咏情性，以风其

第二章 温润与深情

上"。可见，诗乃吟咏之言，言乃心中之志，发声成文可见其情。而心中之志形于言、成为诗、见其情的过程是这样的："情动于中而形于言，言之不足故嗟叹之，嗟叹之不足故永歌之，永歌之不足，不知手之舞之足之蹈之也。"（《诗大序》）由此可见，心中之志通过情感积聚萌发形成语言，语言发出的声音形成诗文，如果声音不足以表达，还可辅以嗟叹、永歌、手舞足蹈等，以使情志充分表达。

相比以往，《诗大序》的进步在于发现了"情动于中而形于言"的主观情感，进而对"诗言志"中客观存在的"情"进行了强调，指出其正是通过"吟咏情性，以风其上"而实现了"诗言志"功能。在此基础上，班固的表达则更加明确："哀乐之心感，歌咏之声发"（《汉书·艺文志》）。可见，有情才有诗，情是诗生成的动力，也可以说是诗的本质，在实现"诗言志"功能的过程中，诗也自然表现了情。所以刘勰说"诗者，持也，持人性情"（《文心雕龙·明诗》）；严羽说"诗者，吟咏情性也"（《沧浪诗话》）；何良俊认为"诗以性情为主，《三百篇》亦只是性情"（《四友斋丛说》）；袁枚说"诗者，性情也"……

虽然，先秦时期"诗言志"观念提出的时候，就内含诗歌"吟咏情性"的可能，但这种内含的可能或者说是"缘情"思想的萌芽，是隐在的。直到汉代《诗大序》的出现，才第一次正式明确强调诗歌"吟咏情性"的特质,为后来陆机高举"诗缘情而绮靡"的大旗,做好了出场的准备。

其间,情之内涵也已经发生变化:先秦"诗言志"之情多是一国之情、治政之情、集体的大我之情,多是从礼乐传统和伦理需求生发的情感;而到汉代《诗大序》提出的"吟咏情性"之"情",往往是指因为礼崩乐坏,政治失序人们自然而然流露的情感,虽然还不至于是某个个体的自我情绪挥发,但至少已不是当初服务于礼乐传统和伦理需求生成的情感,也不再是集体的大我之情。如果说先秦蕴于志中的情感是平和的,或者是欢快愉悦的,此时的情则多半已是不满现实、不易平和,有哀有怨的自然情感流露了。前者社会属性更强,后者自然属性增多。

2. 变风变雅

"变风变雅"是西周后期发生的政治时变在《诗三百》中的体现,是该时代出现的一种诗学现象。具体是指孔子收录从懿王、夷王直到陈灵公时代反映君王淫乱无度引发百姓不满的诗作,与之前《周南》《召南》形成不同的风尚。"王道衰,礼义废,政教失,国异政,家殊俗,而变风、变雅作矣。"(《诗大序》)也就是说,是礼崩乐坏、国政衰败等社会历史的变化,促使诗风发生改变。

因此《诗大序》在孔子将《诗三百》分为"风""雅"

第二章　温润与深情

"颂"的基础上,以西周社会兴盛前后为分期,进一步将其分为"正风""正雅"和"变风""变雅",并以此论诗。所谓"正风""正雅"是指《诗三百》中西周王朝礼乐制度和国家治理兴盛时期的作品,比如"风"中的《周南》《召南》,"雅"中的《鹿鸣》《文王》等。而"变风变雅"则是指其中表现西周王朝衰落、礼崩乐坏、政教失去作用、政事风俗改变,带有强烈不平之气和哀怨之声的诗歌作品与诗风转变现象。

"变风变雅"后的情性吟咏是一种强烈的、不满周室王朝怨刺之情。以往舒缓平和的抒情风格发生改变,牢骚、哀怨甚至是愤怒的戾气替代了周朝盛世时的和谐与颂扬,迅速成为诸侯国之间的一种时代风尚。正所谓"治世之音安以乐,其政和;乱世之音怨以怒,其政乖"(《诗大序》)。所以,《孔子诗论》第二十六简以"悲"概括《小雅·谷风》的主题,其实这也是《诗三百》整个变雅诗文主体情绪的共性特征。

但无论是情性自然而然的吟咏,还是怨刺上政的不满表达,在《诗三百》的结集里,是为了辅政观风,教化君子仁人,所以尚未远离孔子诗教的功用主题"思无邪"。即使到了《诗大序》时代,也有"发乎情,止乎礼义"(《诗大序》,以下同)的规约与倡导。吟咏情性的目的,是因为史官"明乎得失之迹,伤人伦之废,哀刑政之苛",希望通过这种真实的情性吟咏，"以风其上"，使帝王"达于事变而怀其旧俗者也"，最终实现复兴王室的辅政目的。从这个意义上说，"止乎礼义"也有"到达礼义"的意思，是对孔子创建的儒家诗教的进一步发展与适用。所以，《诗大序》一方面提出了吟咏情性，变风变雅，以风其上；另一方面明确提出"变风发乎情，止乎礼义。发乎情，民之性也；止乎礼义，先王之泽也"。也就是说怨刺上政的情性吟咏也是基于人本性真情的有感而发，但也必须用礼义伦理约束节制，从而做到怨而不怒，刺而不伤。如此一来，也便实现了通过礼义教化疏解哀伤、化解怨怒的目的，也就是恢复先王的福泽。

我们说"吟咏情性"必须遵守"发乎情、止乎礼义"的原则，这正是儒家克己复礼，温润深情的一个典型特征：有情，但却是受礼乐制度规约的深情，是在兼顾礼义基础上，具有中和之美的有礼有义之深情。

3. 屈骚传统

对"变风变雅"现象的命名虽在汉代，但"变风变雅"现象却发生在春秋末期，并贯穿整个战国时代。一方面是传统礼乐文化制度的被破坏，另一方面是以孔子为代表的儒家基于《诗三百》提出的诗教思想对传统礼乐文化的传承与坚守。同时在南方荆楚之地还横空出世了另一种美学思想，即以屈原和《楚辞》为代表的美学思想。所以在诗学领域，以《诗三百》

第二章 温润与深情

为先秦理性现实主义代表，被称为"风"诗传统；以《楚辞》为荆楚文化浪漫主义代表，被称为屈骚传统。二者成为主宰两汉艺术的传统美学思潮，也成为中国古代文化遗产中的两大经典艺术瑰宝。

屈原生活在楚怀王、顷襄王时期，原本深得楚怀王信任，官至左徒（仅次于令尹，相当于副宰相）。在强秦扩张之际，对外使齐合纵抗秦；对内举贤授能起草宪令以复国强邦。岂料却因触犯旧贵利益而遭谗佞陷害，先后两次被放逐。"屈原放逐，乃赋《离骚》"（司马迁《报任安书》），进而创制了书楚语、作楚声、记楚地、名楚物，充满无羁想象和神话巫术般奇绚色彩的"楚辞体"诗歌，成为汉代赋体文学的鼻祖、中国历史上第一位伟大诗人。

楚语、楚声、楚地、楚物、无羁想象和神话巫术都是荆楚文化的典型特征。在中原已经被先秦理性改造形成史官文化的同时，屈原所在的荆楚之地虽然也受到中原文化洗礼，但还是较多地保留了巫觋文化的风俗，居于奇异想象和炽热情感交织的图腾—神话世界之中，"其俗信鬼而好祠，其祠必做歌乐鼓舞，以乐诸神"（王逸《楚辞章句》）。这种信鬼好祠的习俗至今还能在荆楚旧地找到遗迹，比如说湘西赶尸习俗，湖南农村老人生病，请仙婆画符驱鬼等旧俗，都是荆楚文化特色基因的沉淀。屈原被流放的江南盛行巫风，正时时吟唱着祈神驱鬼的巫觋之歌，上演着活生生的人神交往的歌舞剧目。《九歌》就是在这样的民风背景下，根据民间祭神情形，将充满浪漫主义色彩和神话意味的景物、环境、人物与其思想情感融合创作的诗篇。《离骚》的主人公则从天而降，是神的后裔，诗中以香草美人为喻，构成一种具有象征意义的意象，表现现实的复杂与矛盾，抒发诗人无法遏止的政治激情与爱国胸怀，"开创了中国抒情诗的真正光辉的起点，成为无可比拟的典范"[①]。

在屈原的神话世界里，《天问》是从神话系统向历史系统过渡，而又保留远古神话与历史故事最多、最系统的诗篇。诗人一口气提出一百七十多个问题，既拷问天地人事，又是在怨天地、怨人事。联想到屈原最终国破家亡书《哀郢》，绝笔《怀沙》投于江，以情殉志的结局，我们发现屈原正是以自己的生命与诗文书写开启了一条以愤怒与抗争为基调进行文学创作的发愤抒情之路，超越了儒家"发乎情止乎礼义"的情性吟咏原则。因此他的诗不仅语言激宕淋漓，异于风雅，情感也有悲有怨，有伤有怒。这种悲伤怨怒的情感无法被崇尚中和之美的礼乐文化节制或消解。所以李白有诗云："正声何微茫，哀怨起骚人"（《古风》），也就是说真正意义上的"诗可以怨"是从屈原和他的楚辞开始的。孔子提出的"诗可以怨"

---

① 李泽厚：《美的历程》，天津社会科学院出版社2007年版，第62页。

至此也已发生了"诗可以怨"的精神转变,所以有学者通过研究指出,"从'诗可以怨'到'盖自怨生也'的屈原作品,中国诗学完成了从古典精神到近代精神的蜕变,诗的哀怨不再需要遮遮掩掩,成为诗人自由表现的情感,意味着一个新的诗学时代的到来"[①]。

四 文质彬彬,然后君子

子曰:"质胜文则野,文胜质则史,文质彬彬,然后君子。"(《论语·雍也》)这里有三个关键词:"文""质""君子"。有一个标准、两个层次的关系,即审美判断标准,"文"与"质"及"文质"与君子的关系。其中,"文"与"质"有三种关系,它们确定了文品的三个等级:"质胜文""文胜质""文质彬彬"。文质与君子的关系因文质关系构成文品,文品如人品,所以好的文品也就是君子应有的品格。孔子认为具有仁的品质而缺少文化教养和外在文采的人是粗野的人;只讲求外在文饰之美而缺乏仁的品质,文饰之美则成为一种虚饰。美的人应是外在言语、容色、礼仪之美与内在仁义道德品

[①] 傅道彬:《诗可以观:礼乐文化与周代诗学精神》,中华书局2010年版,第289页。

质之美的统一。文质统一是后世儒家文艺观和审美标准之一。

1. 美善统一，尽善尽美

以孔子为代表的儒家美学，第一位问题就是处理善与美的关系。

我们说"文质彬彬，然后君子"（《论语·雍也》）中，文质统一即"文质彬彬"是君子之美的判断标准，它是儒家文艺观和审美标准之一。那么作为儒家审美判断标准，什么才是"美的"呢？那就是美善统一，尽善尽美。这个观点涉及儒家美学对美与善关系的处理问题。

在孔子之前，没有人对"美"与"善"进行明确区分。甲骨文中这两字都与"羊"有关，体现了感性与理性、自然与社会相交融统一的远古审美观念，即羊大为美，羊人为美。许慎《说文解字》释美："美，甘也，从羊从大。羊在六畜，主给膳也。美与善同意。"简言之，物质生活满足人们的口感、生理和心理的需要，就是美，就是善。

先秦有个伍举论美的故事，讲的是伍举不认为"土木之崇高，彤镂为美"，他说，"美也者，上下内外，大小远近，皆无害焉，故曰美"（《国语·楚语上》）。伍举的美学观言语明确，即美不在形式，而在内容，无害即为美。

《左传·襄公二十七年》记载了一个故事："齐庆封来聘，其车美。孟孙谓叔孙曰：'庆季之车，不亦美乎？'叔孙曰：

'豹闻之，服美不称，必以恶终，美车何为？'"这里叔孙豹"服美不称"的观点，虽然没有将美和善关联，但认为外在服饰或美车与内在的人不相匹配，就不是真的美。这里隐含着传统的审美倾向，即形式和内在实质皆美，才符合"美的"标准，但并没明确提出，更没有将美与善进行区分。

孔子是中国美学史上第一位明确将美与善区分开来的人，还明确提出"美的"标准是"尽善尽美"，明确强调美善的统一，确定了审美的伦理品格。

子谓《韶》："尽美矣，又尽善也。"谓《武》："尽美矣，未尽善也。"（《论语·八佾》）

孔子认为，从韵律乐感等形式上来说，《韶》乐和《武》乐都美；但从内涵来看，《韶》乐是歌颂仁德之君尧与舜之功德的，音乐形式与人物内在品德匹配，内外一致则"尽善尽美"；《武》乐歌颂的周武王用武力而非仁德赢取天下，音乐形式与人物内在品德不匹配，所以"尽美"而"未尽善也"。孔子以此处理善与美的关系，强调以善为美，美善统一，尽善尽美方为美，明确提出儒家"美的"审美判断标准。

2. 内容形式统一，文质彬彬

内容与形式，即"文"与"质"。内容与形式统一就是"文质统一"，"文质彬彬"是儒家的文艺观和审美标准之一。前面我们分析"文"与"质"存在三种关系，它们确定了文品的三个等级:"质胜文""文胜质""文质彬彬"。

首先说"质胜文"的文品。"质胜文"即内容大于形式,其内容虽然质朴,但文言不足,形式不能充分展示内容的质朴厚重,结果"质胜文则野"(《论语·雍也》),使文章显得粗俗而缺少美感。与此种文品相对应的人品,表现为人很质朴老实,具备敦厚的仁德,但不善言表,没有相匹配的容貌与礼仪,无法将自己优秀的人品恰到好处地展示出来,因而言谈举止显得粗俗而没有文化,自然不具美感。这样的人,仁厚有余,彬彬不足,孔子认为不能称为君子。因此只有好的人品是不够的,还要注重学习、加强修养,使美善兼具。既内心仁厚,又气质儒雅,如此形式与内容相匹配的人才是真的完美,也才真的可以称为君子。

其次说"文胜质"的文品。"文胜质"即形式大于内容,也就是说形式上文采飞扬,内容上却缺少质朴实在的内涵,文质不一,言过其实。结果就是"文胜质则史"(《论语·雍也》),文采超越内涵,显得空洞虚浮,形式上仅具有的一点美感也美得虚无,而无法长久。与此种文品相对应的人品比"质胜文则野"的品级还要低一等,因为徒有华丽幻魅的外表,好一点则过于文雅,像个书呆子,实际却能力不足;差一些则内心虚无不仁厚,交往中不符合最基本的"无害"原则,不符合美善统一之"美的"标准。属于三类人品中的末等人,离君子的人品风范差之千里。

最后说"文质彬彬"的文品。"文质彬彬",指文章形式与内容和谐搭配,既有质朴无华的内涵,又有文采飞扬的形式表达,二者相得益彰。与此等文品相对应的人品就是君子,就是孔子心目中儒家典型人格的代表,是人品中的典范,体现了孔子对君子理想人格的审美追求。这样的人品既善良仁厚、温润深情,又有文化和礼仪修养,懂得恰到好处地展现自我,这样才是真正的君子。

"质胜文则野,文胜质则史,文质彬彬,然后君子"(《论语·雍也》)。这段话言简意赅地说明了文质关系和与文品相对应的人品类型等次,确立了理想的君子人格模式,提出了儒家美学形式与内容相统一的文品和人品标准,高度凝练概括了孔子的文质及君子人格思想,至今还对我们产生着重要的影响。

五 兴观群怨与知人论世

"兴观群怨"和"知人论世"(《孟子·万章章句下》)是从诗歌功用角度提出的审美批评方法。"兴观群怨"说是孔子诗教理论的核心,其目的是通过对《诗经》的学习,实现"思无邪"的礼义教化目的,使人"兴于诗,立于礼,成于乐"(《论语·泰伯》)。"知人论世"则是思孟学派代表人物孟子对如何用诗提出的社会历史批评方法。既是对他提出的"以意逆志"把握作品主旨方式的支撑,也是如何更准确把握诗文作品"兴观群怨"功能的方法明确。只有还原到作品及作者所处的时代,"知人论世"地把握作品主旨即作者之志,才能更好地利用诗文作品实现其"兴观群怨"的功用效果。

1. 兴观群怨

"兴观群怨"是孔子教诲弟子时提出的思想学说,记载于《论语·阳货》。子曰:"小子!何莫学夫《诗》?《诗》可以兴,可以观,可以群,可以怨。迩之事父,远之事君。多识于鸟兽草木之名。"

所谓"兴",就是由《诗三百》感发意志,引发联想,对社会现象有所思考,从而悟出修身之道。孔子意识到诗具有打动人心灵、激发人志向、影响人思想的功能,所以希望弟子们能够好好学习,并教导儿子孔鲤说,"不学诗,无以言"(《论语·季氏》)。

"兴"起源于远古文化传统,是表现原始歌舞形式的,象众人举物之形,意为"起也。从舁从同,同力也"(《说文解字》)。表现原始歌舞形式的"兴",可以说是艺术的,到孔子提出的"兴观群怨"说之"兴",则转化为由艺术而兴起的思想延伸路线,可以唤醒人的意志和情感,进而成为理论之

第二章 温润与深情

"兴"。

所谓"观",即从《诗三百》的诗歌情志表现,来了解社会风俗之盛衰变化,以观察考见君王治政的得与失。"诗可以观"是春秋时代独特的社会风尚,或者说是流行的一种文学功能,后来才被人提升为儒家的"诗教"学说,成为一种文学理论。历史上有两个著名的以诗观政的例子,一个是《左传·襄公二十七年》的"赵孟观志"(以诗观志),一个是《左传·襄公二十九年》的"季札观乐"(观乐即观诗)。

"赵孟观志",是讲郑伯用酒款待赵孟,其间七位臣子陪同,赵孟便请他们赋诗"以观七子之志"。当子展赋诗《草虫》后,赵孟由此听出子展忧国之心和对他本人的尊敬……总之,那个时代观诗和观乐一样是一种流行的礼制风俗,具有后代所没有的特别含义。不仅可以"观"到诵诗奏乐之人的思想、情感、心理以及性情品格,还可以"观"到所在社会的风气和政治国运的盛衰。吴公子季札为帮助新立国君向各国示好,游历中原诸国。当他来到鲁国时,被"请观于周乐",于是有了"季札观乐"的故事。听《周南》《召南》,季札说"美哉",因为听出周朝的教化已有一个好的开头,百姓勤劳而不怨恨;听《邶风》《鄘风》和《卫风》时,季札还是说"美哉",听到歌诗内容深厚,虽有忧思,但无困窘,"吾闻卫康叔、武公之德如是,是其《卫风》乎?"听《王风》后评论说,"美好啊!有忧思而无恐惧,大概是周王室东迁以后的诗歌吧"。

所谓"群",是指通过对《诗三百》的学习,可以让人们聚集在一起交流切磋,和谐交往,从而密切人际关系。在孔子那个时代,他的学生学习《诗三百》,就是搭建了一个群体交流互动的平台,使思想碰撞形成留给后人的哲思智慧。再后来的时代,比如文学集团的成立与群体交流赋作,就是"诗可以群"的鲜明例证。当然,在"群"的过程中,是遵循着儒家思想"和而不同"的基本原则的。

所谓"怨",就是"怨刺上政"(孔安国《论语集解》),即通过诗文传递怨刺上政的民情,实际上是君王和百姓上下沟通的一种有效方式。百姓通过诗文表达对君王治政过程中的不满,君王通过读诗观民风民志、恤民情民意,了解社会变迁,进而改善治理。但这种"怨"是受礼义制度规约的"怨",是"怨而不怒"的宣泄与情感疏导。孔子说"躬自厚而薄责于人,则远怨矣"(《论语·卫灵公》),由此不难看出儒家思想的本意,其对怨怒情感是否定而限制的。但因为诗歌具有"诗言志"即呈现情志的功能,所以通过观诗,可以窥见诗中蕴含的各种情感和心理,所以孔子希望君王能够关注十五国风,关注诗中之"怨",从而有助于治理好国家。

2. 知人论世

既然诗具有"兴观群怨"的功能,可以"观"到其志、其情、其思、其怨,那么怎样才能有效把握住这些真实的情志与思怨呢?

继孔子之后,儒家思想的又一代表孟子针对这个现实需求,结合其所处时代,《诗三百》居"六艺"之首,引诗流行的风尚和大量"以辞害志"曲解误释诗意的现实,从文本批评和社会历史心理批评角度提出新的用诗方法,即"以意逆志"和"知人论世"法,孟子也因此成为我国最早讨论文学批评方法的学者。

> 故说诗者,不以文害辞,不以辞害志。以意逆志,是为得之。(《孟子·万章上》)
> 颂其诗,读其书,不知其人可乎?是以论其世也。(《孟子·万章下》)

无论是春秋"赋诗言志"采取"断章取义"的手法,适用"合意原则",还是孟子时代"以文害辞"引诗用诗,都没有统观全局,都存在片面望文生义的弊端。因此,孟子提出"以意逆志"、立足文本、通观全局、将心比心来推溯诗文之志。这不只是克服"断章取义"的有效措施,还通过一个

"逆"字明确了与诗文作者相对之审美主体（也是接受美学的诠释者）的存在，更是一种进步。审美主体（诠释者）推溯把握诗文之志的流程与诗文作者隐设情志于诗的流程正好相反。孟子以人性论为前提，认为人的天性相同，所以可以根据人之常情、常性推测理解作者的心志情感。以意逆志的过程中，不仅需要依据文本，遵循艺术创作和艺术表现规律，还须遵循心理活动规律，并要以对诗文作者"知人论世"的了解为前提、为基础。

所谓"知人论世"，就是将人放置于鉴赏关注的中心，理解作家，理解他所处的时代特征、政治思想及心理特点。从而通过了解这个人，他所处的时代，他自身的性格特点、政治思想，来尽可能正确全面地理解他的作品，推溯其诗文作品中蕴含的作家之志。孟子"知人论世"方法的提出，将审美主体（诠释者）、作品文本（诗、书）、创作主体（诗人、作家）和时代、世界（世）有效贯连，有助于正确理解诗文作品，准确地作出诠释和审美判断。

汉儒解读《诗三百》，就主要运用了"知人论世"之法；宋儒理解《诗三百》，则主要运用的是"以意逆志"之法。可见孟子提出的这两个方法对后世的重要影响，这两个方法也因此成为中国诗学批评以及文学批评的根本方法，至今影响巨大。

第三章　生生之乐

　　《周易》是先秦时期最重要的一部著作,自产生后,便对中国的政治、经济、文化、艺术,甚至民族性格、民族精神,产生了深远影响。两千多年来,我国传统的建筑、医学、音乐、书法、绘画、民俗等,无不笼罩在其光环之下。早在《周易》产生之前,"易"作为卜筮之学,经历了伏羲易、连山易、归藏易等多种发展形态。随着周易的兴起流传,连山、归藏等逐渐被取代。我们今天所称的《周易》,指周代成熟并流传的易学,包括《易经》和《易传》两部分:《易经》即六十四卦,是由卦象、爻象和卦辞、爻辞构成,学者们通常认为《易经》形成于西周,出自王室太卜或筮师之手。《易传》亦称"十翼",是对《易经》的理解和阐释,由东周至战国末期的学者陆续所作,包括10篇文辞,分别为《彖传上》《彖传下》《大象传》《小象传》《文言传》《系辞传上》《系辞传下》《说卦传》《序卦传》和《杂卦传》。

虽然《周易》最初用于占筮，但在流传、解读过程中，不断融入阴阳、儒、道、法等各家思想，从而成为一部无所不包的哲学和美学经典。吉尔伯特与库恩在《美学史》中明确提出古代美学是宇宙学的产物。《周易》这部无所不包的著作，正是宇宙学、哲学与美学的完美结合。虽然《周易》中并没有直接阐释美学的内容，但由于原始巫术对世界的观察及思维方式与艺术方式十分接近，因此易学自身便包含了许多与艺术相通的成分。比如《易经》的卦辞、爻辞中充满了隐喻、象征，具有浓烈的艺术意味。《易传》中的"生生""阴阳""刚柔""立象尽意""交感"等范畴，都成为后来重要的美学命题。因此，《周易》不仅是中国文化之源，同时也被视为中国美学之根和中国文艺理论之源。自《易传》之后，秦汉时期不少著作，如《吕氏春秋》《淮南子》《春秋繁露》等，在发扬易学精神的同时，又融合了四时、五行、十二纪等众多元素，把《周易》所蕴含的哲学、美学思想推向了一个新高度。

一 从性命之理看《周易》生生观

方东美、宗白华等先生认为生命之美是中国艺术的主要关注对象，《周易》的本质正是中国古代的生命哲学。在易学的众多范畴中，"性命"和"生生"是最为重要的两个。"性

第三章 生生之乐

命"在先秦哲学中是个并列词组,"性"指心性、本性,是种精神活动;"命"则指身体的存活,有其固有的存在规律,通常称天命;性命泛指有精神存在的生命。"生"的内涵包括生殖、创造、生化等,"生生"即孕育生命,生生不已。毫无疑问,这两个范畴都与生命有着密切关系。就《易经》来看,阴阳二爻组成八卦,八卦互重生成六十四卦,这种"太极生两仪(阴阳),两仪生四象(四时),四象生八卦,八卦定吉凶"(《周易·系辞》)的模式,本身就是一种繁衍与生化,与易学所构建的天地孕育生命、万物生生不已的宇宙模式十分相似。就六十四卦顺序来看,从"乾"卦开始,次为"坤",然后"屯",直至"未济"终,卦与卦之间要么相因、要么相反,巧妙地形成了一个生生不绝的整体循环。整个卦象体系以"未济"作结,而"未济"则代表着还未完结,由此可见,卦序中也充分体现着宇宙万物发展变化的无穷性,即生生不息。

如果说《易经》是用整个卦象体系阐释了生命意蕴和生生精神,那么《易传》则对"性命"和"生生"这两个范畴进行更直接、更丰富的论述。《系辞上》认为"生生之谓易"[①],把易学的实质直接归于万物生化。在周易宇宙体系中,因天地阴阳交感,形成了风雨运行、四时更迭,然后出现了植

---

① 周振甫:《周易译注》,中华书局1991年版,第234页。

物、动物及人类生命的繁衍，因此，《系辞下》又称"天地之大德曰生"，把生育万物看作是天地最伟大的德行与功能。《象传》在解释坤卦时，赞美"万物资生，乃承顺天"；在解释益卦时，又认为天地生养万物，天地对万物的增益是无限的。从《易经》的卦象体系到《易传》中的哲学阐释，易学始终把生命作为基点，万物生命存在于天地永恒的运动变化中，并且每天都在不断更新。这种光辉日新的生命力，本身就洋溢着一种大美。

在《周易》中，这种充满力量、生生不息的大美精神在不少卦象和传释中都有所体现。比如"乾"乃《易经》首卦，乾为天，天是化生万物的开始。天道化生，不仅有利于调正万物性情，而且还可以用美利来使天下得利，因此，天是盛大、刚健、中正、纯粹而精美的。《象传》称"天行健，君子以自强不息"，把刚健无尽的天道与自强不息的君子人格联系起来，使这种不断进取的生命意识更加鲜明形象。此外，"震""豫""大壮"等卦中也都蕴含着刚健不息的精神。就自然界来看，刚健是天、龙、雷气势的表征；在人世间，刚健又是君子自强精神的外显。这种刚健中正、生生不息的生命意识，不仅在周易中受到推崇，同时也成为中国传统美学的主导风尚。

自神话传说起，中国传统文化中便充满了刚健不息的生命意识。盘古开天辟地后,"垂死化身,气成风云,声为雷霆,左眼为日,右眼为月,四肢五体为四极五岳,血液为江河,筋脉为地里,肌肉为田土,发髭为星辰,皮毛为草木,齿骨为金石,精髓为珠玉,汗流为雨泽"[1]。夸父追逐太阳,死后则化为邓林;炎帝之女游东海,溺而不返,变成精卫鸟,衔木填海;刑天战败后被斩首,却以乳为目,以脐为口,挥舞着兵器继续战斗……这种永恒不息的生命意识在历代士人的言行及作品中也有突出体现。春秋时期鲁国大夫叔孙豹,在面对"死而不朽"这一话题时,提出了中国伦理学史上一个重要命题——"三不朽",他认为人如果能树立大品德、建立大功勋、确立一家之言,便能名垂不朽,从而给有限的个体生命赋予了无限永恒的意义;汉代司马迁,身遭宫刑、忍辱负重、发愤著书,为的是修成一部"究天人之际,通古今之变,成一家之言"的史书,他的《史记》被鲁迅先生视为"千古之绝唱",司马迁也随着这部巨著的流传而永生;魏晋时期,面对着分裂和动荡,士人们的生命意识更为强烈,"生年不满百,常怀千岁忧"成为一种普遍心态,他们炼丹服药,渴求长生,甚至借虚幻的神仙世界来抒发自己的生命感叹,比如曹植在《游仙诗》中写道"人生不满百,戚戚少欢娱。意欲奋六翮,

---

[1] (清)马骕:《绎史》,王利器整理,中华书局2002年版,第2页。

排雾陵紫虚"。当现实不如意时,他们又纵酒长啸,用任性放诞去消解生的焦虑和死的恐惧;唐代,被苏轼誉为"文起八代之衰,道济天下之溺"(苏轼《潮州韩文公庙碑》)的韩愈,十分强调生命个体情感的作用,他认为"不平则鸣",当一个人的社会生命价值不能得到实现时,往往会对创作产生更为有力的促进和推动;宋代的张载,极注重生命的社会价值,他以充斥天地的浩然正气和无比强烈的社会使命感,提出了"为天地立心,为生民立命,为往圣继绝学,为万世开太平"(《横渠语录》),渴望继往开来,建立一种万世绵延、永恒不绝的理想秩序;明代,随着市民阶层的崛起以及启蒙思想的影响,生命意识散发出浓厚的光芒,王阳明的"心学"、李贽的"童心说"、袁宏道的"性灵说",无不以生命为视角;明清以来,随着小说的兴盛,无论是"三言""二拍"《聊斋志异》这样的短篇,还是《三国演义》《水浒传》《金瓶梅》《红楼梦》这类长篇,都对生命形态、生命意义、生命原则有了更为深入的表达,在小说、戏剧这种以叙事为主的文体中,无论作者方面还是读者方面,生命都受到了更为广泛、深刻的关注。

综观中国古典文艺批评,尤其是文学批评,一种极常见、极普遍的现象是把作品比喻为人体。比如《颜氏家训·文章》认为"文章当以理致为心肾,气调为筋骨,事义为皮肤,华

第三章 生生之乐

丽为冠冕"。清代王铎《文丹》称"文有神、有魂、有魄、有窍、有脉、有筋、有腠理、有骨、有髓"。中国古代的许多审美概念,如:风骨、形神、筋骨、主脑、诗眼、气骨、格力、肌理、血脉、精神、血肉、眉目、皮毛等;律诗学中首联、颔联、颈联、韵脚;评论中的肥、瘦、病、健、壮、弱等,都是把文学艺术拟人化的暗喻。钱锺书先生在《中国固有的文学批评的一个特点》一文中指出中国古代文学批评"把文章通盘的人化或生命化",吴承学教授把这种人文同构的比喻称为"生命之喻"[①]。不仅文学如此,其他艺术种类亦同:荆浩《笔记法》以"筋、肉、骨、气"为绘画"四势";苏轼《东坡题跋·论书》称"书必有神、气、骨、肉、血,五者阙一,不为成书也"。吴承学教授认为"生命之喻"反映的中国古代传统美学思想,即推崇生机勃勃、灵动自由、神气迥出的生命形式,要求文学艺术应具有和生命的运动相似相通的形式。这种美学理想和《周易》的哲学观念密切相关,同时也受到"近取诸身,远取诸物"(《周易·系辞》)的象征性思维方式以及人物品评等文化背景的影响。

纵观中国文化史,不管书法、绘画、雕塑,还是音乐、文

---

① 吴承学:《生命之喻——从人体到文体的文学批评》,《文学评论》1994年第1期。

学，可以清楚地看到：无论是内容形式还是艺术风格，无论审美标准还是观赏方式，每一种艺术都在不断地发展变化。以文学为例，虽然每一种文体和文学现象的产生发展都有其自身的必然规律，但每当文学样式、文学现象产生并发展到一定阶段，总会有一些敏锐之士进行总结反思，在理论或实践上追求突破与创新，因此也就产生了丰富多样的文学作品、文学思想、文学流派。从某种意义上看，文学以及每一种艺术形式都如同一个丰富的生命，都要遵循产生、发展、变化的生命规律，这种普遍的生命规律，正可以作为《周易》生命意识、生生精神的注释。

二 立象以尽意的象思维

如果说生命意识、生生观念是周易的哲学基础，那么这种哲学思想与自然万物、社会人事的联系主要是通过"象"来传递的。"象"作为中国古代文化的基本构成，通常被视为中国古典美学的发端，其哲学起点便始自《周易》。《系辞下》认为"易者，象也"，把"象"与"易"等同起来。具体来看，《周易》中的"象"有两层意思：一是指卦象，包括卦、爻符号；二是指事物形象，即一切能被人感知到的自然或人为的事物。关于卦象的形成，《系辞下》这样描述：

第三章 生生之乐

"古者包牺氏之王天下也,仰则观象于天,俯则观法于地,观鸟兽之文与地之宜,近取诸身,远取诸物,于是始作八卦,以通神明之德,以类万物之情。"① 卦象被认为是圣人观察模拟天地万物及自身形象而创造出来的,是"观物取象"(《周易·系辞》)的结果。卦象产生后,人们又借它来阐释自然万物、社会百态,也就是"立象以尽意"(《周易·系辞》)。

《周易》之所以能用极简单的符号(卦爻)和极简练的言语(卦辞)来记录、说明万事万物,主要是由于这些符号和释辞中充满了象征、隐喻。作为周易的基础,八卦代表着天、地、水、火、风、雷、山、泽等自然现象,同时也象征着自然界与社会中的许多事物,如人事、动物、四时、八方、色彩等,以下表为例:

卦名	卦象	自然	状态	人伦	肢体	动物	方位	季节
乾	☰	天	健	父	头	马	西北	秋末冬初
坤	☷	地	顺	母	腹	牛	西南	夏末秋初
坎	☵	水	陷	中男	耳	豕	正北	正冬
离	☲	火	丽	中女	目	雉	正南	正夏

---

① 周振甫:《周易译注》,中华书局1991年版,第256页。

续表

卦名	卦象	自然	状态	人伦	肢体	动物	方位	季节
巽	☴	风	入	长女	股	鸡	东南	春末夏初
震	☳	雷	动	长男	足	龙	正东	正春
艮	☶	山	止	少男	手	狗	东北	冬末春初
兑	☱	泽	悦	少女	口	羊	正西	正秋

八卦的每个卦象都有很丰富的象征指代，互重组合成六十四卦后，无疑可以表现更多、更复杂的现象、状态。譬如"火地晋"卦，上"离"下"坤"，"离"为日，"坤"为地，表示太阳从大地上升起，隐含着蒸蒸日上、欣欣向荣之意。"地火明夷"卦，则上"坤"下"离"，表示太阳隐入地中，暗示着将要面临艰难与隐晦。从某种意义上说，《周易》中的卦象与爻辞，通常是借助具体存在的事物或情状来阐释抽象复杂的规律或道理，大多采用象征、隐喻的手法。象征和隐喻，不仅是一种修辞艺术，更是一种思维方式，这种借已知事物去理解未知事物的直觉体验性思维，是中国古人把握世界最普遍的一种思维方式。虽然《道德经》《庄子》多次提到"象"，并提出了"大象无形"这一具有深刻美学内涵的命题，《荀子》中也出现了"取象"，但真正对这种思维方式起到奠基作用的，非《周易》莫属。"象"范畴的产生，极大地拓展了中

第三章 生生之乐

国古代美学,不仅为书法、绘画以及建筑等造型艺术提供了直接的理论依据,而且与中国古代诗论中的"比兴"、音乐欣赏中的"通感"也有相似之处。就艺术创作而言,从"观物取象"到"立象以尽意",正好是一个完整的创作过程,即艺术家通过观察世界、体验生活,创作出艺术形象,然后通过艺术形象向欣赏者传达自己的情感或意图。

在中国艺术史中,"书画同源"是一个重要命题,有人甚至把中国书法、绘画的源头追溯到《周易》卦象、爻象上。东汉崔瑗《草书势》提道"书契之兴,始自颉皇,写彼鸟迹,以定文章"[①],认为文字是仓颉描绘鸟兽爪蹄之迹创造出来的,这种文字起源说与八卦起源说如出一辙,都是观物取象的结果。唐代张怀瑾《书断》更直接把卦象作为文字的开端,提出"卦象者,文字之祖,万物之根"。诚然,作为一种以象形、指事、会意为基础的表意文字,汉字可以说是观象取法的实例。在经历了甲骨文、金文、篆书、隶书等字体后,汉字在东汉逐渐成熟定型,进入行书、草书、楷书阶段后,书法艺术大放光彩。对于草书的欣赏,崔瑗提到了"观其法象,俯仰有仪",也就是通过观看字体形象,来品味书法特有的高低错

---

① 张怀瑾:《书断》,《文渊阁四库全书》,台湾商务印书馆1983年影印本,第812册,第44页。

落的仪态。"观其法象"指出了书法接受美学的基本原则，即欣赏书法，不仅去看文字内容，还要从书法的线条形象所引起的联想、所传递的情感中去感受书法之美。

与书法相同，中国传统绘画也是以线条、形象为基础。南朝颜延之在给著名画家王微的信中提到图画"成当与易象同体"，把卦象、书法、绘画视为表意之象的三种载体。易象主要是通过形象符号来预示万物的，书法和绘画同样也离不开形象符号。作为造型艺术的重要载体，绘画与"象"有着更直接的联系。唐朝张彦远在《历代名画记》中说："体象天地，功侔造化"[1]，可见绘画是体象天地的结果，其作用可齐于造化。在中国传统绘画中，画家们除了取象写真、追求形似外，往往更偏重于借艺术形象来传递一种内在的精神情感，因此，在临摹写生之外，更讲究"意象""意境"的营造。南宋邓椿《画继》记载宋徽宗时画学兴盛，画院考试常以诗意命题。有次考题为"野水无人渡，孤舟尽日横"，众考生所选的物象大多是岸边一条空船，要么鹭鸶蜷缩在船舷，要么乌鸦栖息在船篷。而夺魁者的画面则是：船尾卧着一船夫，旁边横着一支孤笛，有船夫而无人渡的悠闲境界跃然而出。再如"乱山藏古

---

[1] （唐）张彦远：《历代名画记》，浙江人民美术出版社2011年版，第75页。

第三章 生生之乐

寺"一题，夺魁者画的是荒山中露出一个经幡，以经幡象征古寺，其他考生则用佛塔尖或寺院房顶的鸱吻代表寺庙，反倒失去了隐藏之意。由此可见，表达同一个主题，艺术构思十分重要，而艺术构思归根结底就是取象、取意，是意与象之间的互动。

如果说"象"在书、画中更多体现在形象上，那么在文学，尤其是诗歌中则更偏重于象征、隐喻思维。《周易》主要是通过卦象符号和简单的爻辞来象征、说明复杂的事物状态，诗中的比兴亦是以此物比彼物，或是先咏他物以引起所咏之词，比如《诗经·关雎》开篇："关关雎鸠，在河之洲。窈窕淑女，君子好逑。"由河中小岛上鸣叫求偶的水鸟，联想到美丽贤淑的女子是君子的好配偶，由此展开了爱情的序幕。比兴手法在屈原的诗歌中得到了推进，《楚辞》中经常出现以"香草美人"来比喻君子及其高洁的品行的艺术手法，从而形成了相对固定的意象。纵观中国文学史及文化史，许多物象的隐含意义得到了人们的普遍认同，从而形成了固定意象或民族意象，比如"鱼雁"指代书信，"鸳鸯"指夫妻或爱情，梅兰竹菊蕴含着高洁，牡丹芍药象征着富贵，等等。作为一种外在物象与内在情感的融合，"意象"这一范畴越来越多地出现在美学理论中，成为中国诗学甚至美学不可或缺的概念，其源头便始自于《周易》。

三　对立统一的阴阳体系

《周易》作为中国传统文化之源,对后世影响最大、最为突出的当属阴阳之道,以至于当今人们一提到周易,往往首先想到的是宋初道士陈抟所传的"太极阴阳图"。从现存文献可知,在西周时期,阴阳观念已被史官用来解释地震等自然现象。先秦不少哲学、史学著作,如《道德经》《孙子》《管子》《左传》《国语》等,都有关于阴阳的论述,诸子百家中还专门有阴阳一家,然而人们最为关注的却是《周易》与阴阳的密切关系,比如庄子《天下》篇称"易以道阴阳",朱熹《周易本义》也认为"易者,阴阳之变"。

在《周易》中,阴阳的观念无所不在。以《易经》来看,虽然其中没有直接论及阴阳,但阴阳无疑是构建爻卦体系的基础。《易经》由六十四卦组成,这些卦象的最小单位是爻,爻分为阴(— —)阳(—)两种。每三个爻可构成一个经卦,共八个,即:

☰　☱　☲　☳　☴　☵　☶　☷
乾　兑　离　震　巽　坎　艮　坤

第三章 生生之乐

八卦亦分阴阳，其中"乾""震""坎""艮"由三画或五画构成，为奇数，属阳卦；"坤""巽""离""兑"由四画或六画构成，为偶数，属阴卦。八卦互重形成六十四卦，又按阴阳相对可以分成三十二组，如"乾"和"坤"，"泰"和"否"，"既济"和"未济"等。每卦有六爻，自下往上，依次为"初""二""三""四""五""上"，每个爻位的阳爻以"九"来指称，阴爻称作"六"。比如"水火既济"卦（䷾），"坎"上"离"下，其爻位是："初九""六二""九三""六四""九五""上六"；"火水未济"卦（䷿），"离"上"坎"下，其爻位是："初六""九二""六三""九四""六五""上九"。在六爻中，"初""三""上"三个爻位为奇数，若阳爻相配，为得位，若是阴爻，则为失位。同理，二、四、六这三个偶数爻位，阴爻为得位，阳爻则失位。不同的卦象及爻位，代表着不同事物的发展状态，因此，通过卦象与爻位的阴阳变易，结合爻辞说明，便可以推知人事吉凶。如果说阴阳在《易经》中主要体现在爻卦易象中，那么在《易传》中，阴阳观念得到了直接的阐释和发挥。比如《说卦》提出"立天之道曰阴与阳"，把阴阳作为代表天道的两种基本属性；《系辞上》认为"一阴一阳之谓道"，把阴阳提升到"道"的至高地位，把阴阳之道作为万物发展变化的根本法则。《易传》还把阴阳与乾坤、天地、男女、刚柔等结合起来，把阴阳观念推及到易学的整个宇宙体系中。

《说卦》称"立天之道曰阴与阳，立地之道曰柔与刚，立人之道曰仁与义"，可见在《周易》中，天文、地文、人文是统一的，阴阳是一切美的原动力，因此，天、地、人以及宇宙间的一切事物，都可分为阴、阳两类。关于阴阳的本义，历来说法不一，有人认为指阳光的向背，向日为阳，背日为阴；有人认为指奇偶，奇数为阳，偶数为阴。人们后来也把阴阳视为事物的不同特性：刚健、向上、生发、展示、外向、伸展、明朗、积极、好动一类的为阳；柔弱、向下、收敛、隐蔽、内向、收缩、储蓄、消极、安静之类的为阴。不仅世间万物各分阴阳，同一事物自身也具有阴阳两重性，比如人分阴阳，即男女。同一个人体又可从多角度区分阴阳，如：上部为阳、下部为阴，体表为阳、体内为阴。就体内五脏而言，心、肺居于上焦为阳；肝、脾、肾居于中焦为阴。阴阳不仅用于区分事物的不同性质、状态，在一定条件下，阴阳是可以互相融合、互相转化的，因此，阴阳是一个辩证的对立统一的哲学范畴。

受"阴阳"观念影响，中国古典美学把艺术之美分成阳刚与阴柔两大类。从先秦到当代，各种文学、艺术作品，都笼罩在这两种审美风格之下。就具体作品看，青铜器中的后母戊鼎、毛公鼎给人以阳刚之感，莲鹤方壶、曾侯乙青铜尊盘则具有阴柔之美。石刻雕塑中的秦始皇兵马俑、东汉石辟邪，充满阳刚之气；晋祠侍女像、大足牧鸭女，则尽显阴柔。书画中，颜真卿的书法、范宽的山水画属于阳刚一派；欧阳询、赵孟頫的字，董源、巨然的南宗山水，则属阴柔一系。文学作品中的刚柔之风也很分明，宋代俞文豹《吹剑续录》里一则故事颇具典型性：北宋中叶，柳永的词广为传唱。苏轼手下有位幕僚善于唱词，苏轼便向他询问自己的词和柳永的词比起来如何？幕士回答说：柳永的词，适合十七八岁的女孩子，拿着红牙拍板，唱"杨柳岸晓风残月"；苏学士的词，须关西大汉，拿着铁绰板，唱"大江东去"。东坡听后，为之绝倒。在词学史上，苏轼打破传统，以《念奴娇·赤壁怀古》《江城子·密州出猎》等豪放之作引人注目，柳永的词则多为描写歌妓抒发相思之情、羁旅之思的传统婉约之作，幕士以十七八岁女孩子与关西大汉来区别柳永词与苏轼词，形象生动地展现出二人词作中阴柔美与阳刚美的不同特质。

历代不少文人都曾经对艺术风格进行探讨，归纳出各种各样的风格范畴，比如唐代司空图《诗品》把诗歌风格分为24种，但仔细分析，这些风格最终都可以分别归结到阳刚、阴柔之列，像雄浑、劲健、豪放显然属于阳刚美，冲淡、含蓄、飘逸则属于阴柔美。关于文学中的阳刚、阴柔之美，清代姚鼐在《复鲁絜非书》中进行了总结。他用雷电、长风、崇山、峻崖、大河、骐骥、杲日、金铁等物象来形容阳刚之文风；用清风、云霞、烟雾、幽林、曲涧、鸿鹄、涟漪、珠玉等形容阴柔文风。对于人而言，阳刚之人会凭高视远、君临万众、鼓舞上万勇士去战斗，阴柔之人则沉浸在寂寥的叹息、邈远的思绪、温暖的喜悦、愀然的悲伤中。曾国藩称赞古文时，也直言"阳刚之美曰雄、直、怪、丽，阴柔之美曰茹、远、洁、适"[1]。

从音乐来看，《吕氏春秋》《礼记》《乐记》等都对阴阳之道十分重视。如《礼记·郊特牲》从阴阳角度分析礼乐，认为音乐有声可以听见，属阳；礼仪是人内在德行的表现，属阴。音乐之阳和礼仪之阴协调一致，万物就能各得其所。《吕氏春秋·大乐》则直接把音乐与天地阴阳结合起来，认为"凡乐，天地之和，阴阳之调也"[2]。纵览中国传统乐论，其中基本不脱阴阳五行的影子，十二律吕分属阴阳便是证明。就绘画看，中国画历来讲究虚实相生，其中虚为阴，实为阳。在构图、用笔上，亦讲求前后、大小、浓淡、远近、疏密、聚散、收放等，这些全都是阴阳之道的感性显现。唐岱在《绘事发微》中谈古人作画，"以笔之动而为阳，以墨之静而为阴；以

---

[1] （清）曾国藩：《求阙斋日记类钞》卷下，《曾文正公全集》，吉林人民出版社1995年版，第8册，第4936页。

[2] 张双棣等：《吕氏春秋》，中华书局2007年版，第51页。

第三章 生生之乐

笔取气为阳,以墨生彩为阴,体阴阳以用笔墨"①,每一幅作品完成,大到丘壑位置,小到树石沙水,无一笔不精当,无一点不生动。这些成功,正是由于画家笔墨合乎天地阴阳之道的缘故。

阴阳之道在《周易》中虽然代表了天地、刚柔、父母等,但并不是简单的对立,而是互相作用、互相生化的,因此刚柔之美也并非截然对立,而是可以互相包含、互相转化的。《系辞下》曾提到"刚柔相摩,八卦相荡""刚柔相推而生变化",这种思维反映在美学中,便表现为阴阳相交、刚柔相济的模式。比如刘勰在《文心雕龙·熔裁》中提倡"刚柔以立本,变通以趋时"②;张怀瓘在《六体书论》中由万物负阴抱阳,谈到书法要外柔而内刚;项穆《书法雅言》认为书法要阴阳得宜、刚柔互济;沈宗骞的《芥舟学画编》强调绘画也要讲究"寓刚健于婀娜之中,行遒劲于婉媚之内"③。可见,两千多年来,由阴阳之道生发出的阳刚美与阴柔美,如同醇酒与甘露,渗透进各种作品中,使它们呈现出不同姿态的生机和活力。阴阳和合、刚柔相济,亦成为历代艺术家和理论家们所追求的一种理想境界。

---

① (清)唐岱:《绘事发微》,山东画报出版社2012年版,第104页。
② (南朝)刘勰:《文心雕龙译注》,齐鲁书社2009年版,第434页。
③ (清)沈宗骞:《芥舟学画编》,人民美术出版社1963年版,第63页。

四　天人感应与五行生克

《周易》的成书，经历了西周到战国这样一个漫长过程。尤其是春秋战国时期，诸子百家纷纷涌现，各家之间互相颉颃、互相论辩又相互融合、互相吸收。易学也呈现出开放的状态，一方面对当时社会生活产生了深远影响，另一方面融汇了儒、道、法、阴阳等诸家思想。战国末期，随着《易传》各篇陆续出现，《周易》的文本形态基本定型，但它的思想理论体系却仍在不断融合、发展。到了西汉时期，易学主要呈现三种走向：首先是与道家思想结合，表现在刘安所编《淮南子》中；其次是与儒家思想交汇，体现在董仲舒的《春秋繁露》中；最后是在占卜、术数上继续发展，产生了《焦氏易林》《京房易》等。从中国文化史上看，董仲舒影响最大，他把阴阳与五行生克及儒家伦理融合起来，形成了"天人感应"说，几乎渗透进中国封建社会从宫廷到民间的全部意识形态领域，对汉代以后的美学思想及人们的日常生活产生了深远影响。

易学发展到汉代，一个显著特点便是与"五行"的结合。作为与"阴阳"并列的哲学范畴，"五行"指的是金、木、水、火、土五种元素。值得一提的是，古希腊哲学中亦有关于世界物质构成的"四大元素"说，即土、火、水、气（亦称地、火、水、风）。与"四大元素"说相比，五行的内涵更为丰富深刻，它不仅指构成世界的五种物质，而且还以其为框架，或者说以之为思维模型，把一切事物和现象都对应划分为金、木、水、火、土五大类，这五类事物之间还存在着相生、相克、扶助、耗泄等错综关系。因此，中国哲学中的五行并非单指五种具体物质，而是把万事万物归纳成五种属性的抽象概括。

关于"五行"的文字记载最早见于《尚书·洪范》："五行一曰水，二曰火，三曰木，四曰金，五曰土。"战国时期，阴阳与五行开始结合，阴阳家邹衍将五行之气与阴阳相配，形成与四时变迁相呼应的五行相生、相胜理论。秦国丞相吕不韦组织门人编写的《吕氏春秋》中，进一步把阴阳分派到四时十二月中，并融合五行、音律、味道、色彩、方位等内容，"以为备天地万物古今之事"。到了西汉，淮南王刘安召集门客编纂《淮南子》一书，尤其是《天文训》和《地形训》两章，涉及不少阴阳五行的内容，不仅论及阴阳四时，还把五行与五方、五星、五兽、五音、五色以及天干地支等对应起来，形成较为清晰完整的五行体系，如下表所示。

五行	五星	五方	五色	四时	五帝	五兽	五音	天干
木	岁星（木星）	东	苍（青、绿）	春	太皞	苍龙	角	甲乙
火	荧惑（火星）	南	赤（红）	夏	炎帝	朱鸟	徵	丙丁
土	镇星（土星）	中	黄	四时	黄帝	黄龙	宫	戊己
金	太白（金星）	西	白	秋	少昊	白虎	商	庚辛
水	辰星（水星）	北	黑	冬	颛顼	玄武	羽	壬癸

《淮南子》中不仅明确提到五行的相克（木胜土、土胜水、水胜火、火胜金、金胜木）相生（水生木、木生火、火生土、土生金、金生水）理论，还论述了五行的互动关系，比如"木壮，水老火生金囚土死"，意思是说，当木很旺的时候，水就显得弱，火得到生助，金受到限制，土则被克死。再如"火壮，木老土生水囚金死"，即火旺的时候，木显得弱，土得到生助，水受到限制，金被克死。《淮南子》乃汉代黄老学说的集大成之作，其中关于阴阳、五行、天文、地理的论述，可以说是在道家思想下对周易的深化、发展。

与淮南王刘安生活在同一时代的董仲舒，是位精研《公羊春秋》的经学大师，四库馆臣在《易类六·附录易纬·案语》中把他所著的《春秋阴阳》视为易学类的纬书。就阴阳五行来看，董仲舒在其《春秋繁露》一书中多有论述。他一方面吸收前人基础，呈现出与《淮南子》相同的宇宙体系；另一方面则大力融合儒家思想，为阴阳、交感及五行说注入了新内容，同时又为儒家的伦理纲常找到了一个系统论基础。董仲舒的价值主要表现在：

第一，重视人的价值，由天地交感衍生出"天人感应"说。在《周易》中，交感是万物起源的原动力，天地阴阳通过交感产生四时、万物，人是万物中的一种。董仲舒则非常强调人在宇宙体系中的价值和作用，他认为"天地之精所以生物者，莫贵于人。人受命乎天也，故超然有以倚"（《人副天数》）[1]。把"人"与天地、阴阳、五行并列视为"天之十端"（《官制象天》），提出"为生不能为人，为人者，天也。人之人本于天，天亦人之曾祖父也。此人之所以乃上类天也"（《为人者天》）。由此把人的行为伦理与天道直接对应起来，形成"天人感应"的宇宙模式。

第二，把《周易》中的"阴阳"发展为"阳尊阴卑"说。阴阳在《易传》中，无论"一阴一阳之谓道"，还是"立天之道，曰阴曰阳"，二者的关系是对立统一的，没有高低上下、善恶贵贱之分。董仲舒出于儒家王道政治及其纲常伦理的需要，着意强调阳尊阴卑，阳善阴恶，认为"天道之大者在阴阳。阳为德，阴为刑；刑主杀而德主生"[2]；"物随阳而出

---

[1] （清）苏舆：《春秋繁露义证》，钟哲点校，中华书局1992年版，第354页。

[2] （汉）班固：《董仲舒传》，《汉书》，中华书局2002年版，第1904页。

入,数随阳而终始,三王之正随阳而更起。以此见之,贵阳而贱阴也"(《阳尊阴卑》)。他还直接把这种阳尊阴卑的理论用于社会,认为"君臣、父子、夫妇之义,皆取诸阴阳之道。君为阳,臣为阴;父为阳,子为阴;夫为阳,妻为阴"(《基义》)①,由阳尊阴卑类推出君尊臣卑、父尊子卑、夫尊妻卑,从而成为"三纲"说的基础。

第三,把五行说与儒家伦理道德结合起来。董仲舒在认同阴阳与四时、五行相配的同时,把五行视为天道的表现,在天人感应的基础上,把天道五行引入人伦,认为"五行者,乃孝子忠臣之行也"(《五行之义》),又把"五行"与仁、义、礼、智、信这五常相配,进而将五行伦理化。此外,他还依据"天有五行"设计出"政有五官",彻底把五行从自然天道推及到人类社会的方方面面。

整体来看,董仲舒在阴阳五行基础上,以"天人感应"为理论轴心,把人事政治与天道运行组合在一起,认为"天"(阴阳五行)与"人"(王道政治)是互相一致、彼此影响的,人格的天(天志、天意)依赖自然的天(阴阳、四时、五行)来呈现的,因此,人以及人类社会的等级秩序、伦常

---

① (清)苏舆:《春秋繁露义证》,钟哲点校,中华书局1992年版,第350页。

第三章 生生之乐

制度等，都可以作为"天"即阴阳五行的外在呈现。比如中国封建社会，帝王通常被称作"九五之尊"，便是源于《易经》。"乾"乃易经首卦，其第五爻为"九五"，爻象爻位皆为阳，爻辞为"飞龙在天"，乃至阳、至高、至尊之象征，因此"九五"便成为皇权之代称，"九五"也成为皇帝专用之数。这种融合了天人合一思想的阴阳五行说，在中国传统建筑与民俗学中表现得最为突出。在中国建筑史上，大到国都的规划，中到宫廷、园林的布局，小至私家民居的营建，讲究天人合一、注重伦理秩序的思想始终发挥着重要作用。

以皇家建筑来看，由于秦汉以后"土"被作为五行之首，而土代表着中央，因此，中国传统建筑非常重视中轴线及核心建筑的布局，建筑规格等级越高，中轴线往往越分明。通常情况下，宫廷建筑中皇帝的主政大殿，寺庙建筑群中的大雄宝殿，都是坐落在中轴线中心位置上。除了位置布局外，建筑的形状、规模、色彩，以及围墙、门廊、佩饰等，也都要符合五行原理、天道秩序。以紫禁城为例，作为中国宫廷建筑群的最高代表，紫禁城从宏观到微观，处处契合阴阳五行理念，又处处符合伦理纲常秩序，充分体现了天人合一的美学思想。首先，紫禁城本身就坐落在北京城的中轴线中心，其内在布局也是以中轴线为主，左右对称，根据皇帝朝政和日常起居需要，分成外朝、内廷。紫禁城中轴线核心的太和殿是皇帝朝会、重要庆典之所，规格最高。从色彩看，紫禁城建筑也完全体现着五行思想：太和殿、保和殿、中和殿等中轴线建筑的屋顶皆为黄色琉璃瓦，黄属土、属中央，与皇帝身份完全相合；宫殿的墙壁及殿柱，通常用红色，红属火，象征着光明正大；城中的单体建筑，往往会按实用性质选用相应的五行颜色，比如皇宫东部屋顶用绿色，东主木，属春，用于皇子居住，文渊阁作为藏书之所，选用黑瓦、黑顶，因黑为水，可克火，利于藏书。除了建筑布局、色彩搭配外，紫禁城中建筑名称也都遵循易理，譬如乾清宫、坤宁宫分别为皇帝、皇后所居之处，合于乾坤之义；南端的丽正门，出自离卦卦辞"日月丽乎天"；北部后宫的顺承门、安贞门，则出于坤卦中的"万物滋生，乃顺承天""安贞之吉，应地无疆"。

不仅宫廷建筑讲究天人合一、阴阳五行，民间建筑亦如此，北京四合院便生动真实地反映了阴阳五行、伦理纲常的实际应用。从地理学看，中国多处于北半球，南面向阳。按阴阳五行及八卦方位：南为"离"，主火；北为"坎"，主水。南面有火象征着光照门楣，北面有水意为通泰流畅，故四合院讲究坐北朝南。大院北面的若干房屋为正房，为家中长辈所居；院子东西两侧为厢房，长子通常住东厢房，因为"震"卦主东，对应长男；次子居西厢房；南面房间用作书房或客厅。大户人家往往还有后院或跨院，家中女子一般被安排在后院房间

第三章　生生之乐

居住，女为阴，为柔，为卑，故住在后院隐蔽之处。四合院一般一户一住，呈封闭式，对外只有一个街门，门后有照壁，避免一览无余。院内，四面房门皆向院子，院中可植树栽花，饲鸟养鱼。一座四合院，首先从结构上便营造出一个尊卑有序、其乐融融的家庭世界。不仅宫殿、民居，综观中国各地的园林建筑，无论如何因地制宜、曲径通幽，其建筑美学几乎没有不符合天人合一、阴阳五行之理的。

从《易经》到《易传》，再到《淮南子》《春秋繁露》等，易学的哲学思想逐渐完备精微，其美学思想也更加丰富深邃。易学著作中关于生生不息、观物取象、刚柔之气、天人合一等思想，以及"神""感""文""象""意""气"等范畴的阐述，成为后世解释各种艺术现象、建构各种艺术理论的依据。此外，从易学本体来看，作为占筮之学，其六十四卦、三百八十四爻的符号系统存在着阴阳协调之美、结构对称之美、圆道循环之美；作为社会之学，其卦辞、爻辞中存在着刚柔相济之美、自强不息之美、动静有常之美；作为自然之学，其象数中存在着星辰流转之美、奇偶合图之美、五行生克之美。由此可见，众多内涵丰富、具有中国特色的美学范畴皆由易学而来，《周易》是当之无愧的中国美学之根和中国文艺理论之源。

第四章　自然之道

　　中国美学的许多思想范畴皆源于先秦哲学，在诸家学说中，最富诗意、最具艺术气质的，要属庄子所代表的道家。道家与儒家，作为两种既对立又互补的思想体系，共同奠定了中国哲学的发展基础，也构建起中国美学的主要框架。如果说儒家属于伦理型哲学，体现的是一种仁爱有序的社会群体美学观的话，那么道家则把"道法自然"作为其哲学核心和美学出发点，追求随顺自适的个体之美及天人合一的和谐之美。当然，儒家也有其自然观，但通常是把自然物象与人性道德、教化伦理联系起来。比如孔子站在滔滔的河边，想到的是"逝者如斯夫"（《论语·子罕》）；看到山水，想到"知者乐水，仁者乐山；知者动，仁者静；知者乐，仁者寿"（《论语·雍也》），把水与聪明之人的活泼、欢快，山与仁德之人的安静、长寿联系起来……虽然老子也拿水的特性来喻君子美德，提出"上善若水"（《道德经·第八章》），但是与儒家鲜明的以物

第四章 自然之道

比德的自然教化观相比，道家对自然的关注点并不在于山川草木、鸟兽虫鱼所构成的自然界，而是生命本体最真实、最天然的呈现，即一种原始淳朴、无功无名的自在状态。他们认为万事万物都有其天然状态和本来规律，因此主张一切都要顺其自然，反对人为干涉，排斥外力主宰。自魏晋南北朝起，士人们不仅把这种自然观念引入到玄学中，高举"越名教而任自然"的旗帜，追求人的解放，而且把真实无伪、朴素自在的自然思想渗透到审美情怀中，形成了求真、守拙的美学观。随着文学的自觉以及文艺理论的发展，"自然"越来越成为中国文人和艺术家表达审美理想、评价艺术价值的重要凭藉。

一 道法自然

"自然"作为一个独立的概念，最早出于老子。据统计，《道德经》中有5次提到"自然"，其中最著名的是第二十五章，其中有曰："道大，天大，地大，人亦大。域中有四大，而人居其一焉。人法地，地法天，天法道，道法自然。"[1] 老子把道与天、地、人并列为宇宙中四大，主张人要顺应大地的规律，大地要顺应上天变化，上天要顺应"道"的运行，

---

[1] 陈鼓应：《老子注译及评介》，中华书局1984年版，第163页。

"道"则要遵循自然之性。很显然,老子把道与天、地、人作为和谐一致的统一体,构建起"天人合一"的哲学框架,而自然是这一切的前提和基础。

如果说老子用简洁、凝练的语言提出了"天道自然""任物于自然"等理念,那么《庄子》则通过大量寓言故事来阐释自然的内涵与外延。《应帝王》中讲到了"浑沌"开窍而亡:南海之帝"儵"和北海之帝"忽",因相聚时受到"浑沌"的厚待,一心想报答。"儵""忽"认为人皆有七窍,可以听、观、闻、尝到各种声、色、味,而"浑沌"却没有,于是决定为其开窍。然而,当七窍被凿开后,"浑沌"却死掉了。《马蹄》篇中谈到马蹄踏雪、马毛御寒、吃草饮水、翘足跳跃等,都是马的天性,伯乐出现后,剪去马的鬃毛、削去它的蹄子,烙上印记、佩上络首、拴进马槽,然后让马奔跑、训练,还用镳缨、鞭子加以控制,经过这些人为驯服,马往往死掉大半。《天运》篇中,庄子更以自然为宗,认为天地运行、云雨兴降、风之回转,都是自然而然的,天道即为自然之道,是不断发展变化的,顺之者成,违之者败。庄子通过各种故事告诉人们:万事万物都有其自然本真状态,一旦被人为强加改造,真性受到扭曲、伤害,反而不能长久。

由此可见,老庄所说的"自然",并不是山川具象,而是一种没有主观人为干扰的、事物本身所固有的状态和规律。在

第四章 自然之道

道家看来,"道法自然"就是让天地万物都依照自身的本性去存在、去发展。无论是善意还是恶意地违逆自然,都意味着对本性的摧残、对生命的毁灭,是"以人灭天"(《庄子·秋水》)。在中国传统哲学理念中,人与天的关系不是矛盾对立,而是和谐一致的,"天人合一"是道家追求的最高境界。若想达到这种境界,首先要使万物处在自然、无为的本真状态,充分尊重其内在价值和客观规律,做到"循天之理"(《庄子·刻意》),即顺应万物的天然本性,避免一切人为干扰,只有这样才能实现"天地大美"。

道家这种自然观念,在汉武帝以后,被"罢黜百家、独尊儒术"的意识形态所掩盖。然而,随着东汉王朝分崩离析,士大夫对居于正统的两汉经学、谶纬神学以及三纲五常感到厌倦,于是老庄思想在魏晋时期再度兴盛,并与儒、佛融合,形成了中国哲学史上一种新思潮——玄学。玄学以《道德经》《庄子》《周易》为经典,因此有些学者把它视为道家的新分支。在玄学的推动下,"自然之道"得到了进一步发挥和扩展。在魏晋士人心目中,"自然"不仅仅是抽象的万物之道、哲学之理,而且越来越多地体现在具体的山川景物上。如阮籍《达庄论》指出"山静而谷深者,自然之道也";郭象更是在《庄子注》中剔除了玄虚成分,把"自然"明确引向了客观存在的自然界。

在这种思潮下,士人们一边谈玄论道、辩论名理,一边寄情山林、任性逍遥,投射到文学、艺术上,便带来了玄言诗、山水诗、田园诗及山水画的兴盛。魏晋士人常常借参悟山水来印证老庄哲理,比如玄言诗人孙绰在《游天台山赋》中称"太虚辽阔而无阂,运自然之妙有,融而为川渎,结而为山阜",把山川作为太虚的自然产物。谢灵运把自然山川的美妙与人的精神情感结合起来,不仅使山水成为独立的审美对象,而且使人与自然进一步交融,确立起一种新的审美观念和审美趣味,为中国诗歌增加了山水诗派这一新类型。至于陶渊明的田园诗,更是以平淡自然的语言描绘恬淡宁静的隐逸生活,把自然景物、自然生活与自然心灵完美融合在一起,达到天人合一的最高艺术境界。历代文论家论陶诗皆不脱"冲淡""自然"之语,北宋杨时的《龟山先生语录》便称"陶渊明所不可及者,冲淡深粹,出于自然"。陶渊明所代表的这种冲淡自然却又韵味无穷的境界,正是历代中国诗歌的精髓所在,这种美很大部分便源于道家思想。正如钱穆先生《略论中国文学》所言:"中国文学中尤多道家言,如田园诗、山林诗。不深读《庄子》《老子》书,则不能深得此等诗中之情味。"[①] 在士人

[①] 钱穆:《现代中国学术论衡》,生活·读书·新知三联书店2001年版,第249页。

第四章 自然之道

们看来，山水是自然造化之物，是与人间种种纷扰相对立的"净土"，是"自然之道"得以保全的真实空间。

如果说魏晋以来，山水田园诗逐渐成为自然之美的投影，那么山水画则以更为具象的方式将自然意象呈现出来。在画家笔下，或林泉飞瀑，或丘壑江湖，或猿鹤飞鸣，或云蒸霞蔚，无不展现出大自然的美丽多变与生命的悠闲舒展。与山水文学一样，中国传统山水画不仅描摹山水形状，而且追求丰富的精神内涵，正如宗炳在《画山水序》中指出的：山水"质有而趣灵"，可以"以形媚道"，可以"澄怀味道"。可见在艺术家心目中，山水也是与"道"相通的，因此，寄情山水、归隐田园便成为人们追寻"自然之道"的必然归宿。纵观中国文化史，古代士人几乎没有不喜好山水、不亲近林泉的，究其原因，道家崇尚自然、全身葆真、不为物累的哲学思想是其最重要的内在驱动力。

魏晋以来，"自然之道"在文艺批评领域的影响也逐渐显著起来，"自然"成为中国美学的重要范畴之一。顾恺之的《魏晋胜流画赞》、卫恒的《四体书势》分别从绘画和书法角度谈到"自然"；钟嵘在《诗品序》中提出"自然英旨"；刘勰的《文心雕龙》也强调"文道自然"，把自然作为文学创作的最高原则，强调作品应该真实地抒发作家个性情感的天然之美；司空图的《二十四诗品》直接把"自然"作为诗歌的重要风格，专设"自然"一品；作为宋代诗歌的代表，江西诗派追求"平淡自然"之风；明代前后七子大力提倡"声律自然""真情自然"，不仅要求抒情要真挚自然，而且要求音韵、声律要自然流畅；清人关于自然的论述更加丰富，晚清朱庭珍《筱园诗话》重申其内涵："盖自然者，自然而然，本不期然而适然得之，非有心求其必然也。"① 完全是对道家自然观念的解析与阐释。

不仅如此，传统美学中的许多概念和学说，也都由"自然"生发而来。比如《庄子·天道》谓"朴素而天下莫能与之争美"②，把"朴素"视为天下最美，而"朴素"正是未经雕琢的自然之美；唐代李白崇尚"清水出芙蓉，天然去雕饰"（《经乱离后天恩流夜郎忆旧游书怀赠江夏韦太守良宰》）的创作理念对后人影响极大，这种清真天然之美，显然源于道家的自然；明代李贽提出"童心说"，"童心"即人的最初本心，李贽把"童心"作为"天下之至文"之源，也就是要求情感表达要单纯率真，要从心中自然流出，不虚夸、不造作、不矫饰。此外，徐渭的"本色说"、公安派的"性灵说"、汤显祖的"情真说"、冯梦龙的"情教说"等，无论其关注点是在作

---

① （清）朱庭珍：《筱园诗话》，载郭绍虞《清诗话续编》，上海古籍出版社1983年版，第2341页。
② 陈鼓应：《庄子今注今译》，商务印书馆2007年版，第393页。

者角度还是在作品角度,皆以自然真实为理论基础。

纵观历代文艺理论中的"自然",基本上都指向真实自然、不刻意粉饰、不加雕琢的艺术境界,而这正是老庄自然之道的体现。任何一件优秀的文艺作品,无论哪种风格流派,都是文艺家思想、心性的显现,因此,在各种文艺活动中,不管是评价作品的情感内容、价值态度,还是考察艺术技巧、表现手法,真实自然都被视为衡量作品成功与否的基本前提。综观中国传统的诗文、书法、绘画、音乐等各种艺术理论,几乎没有不提倡"自然"的。蒋寅先生认为中国传统审美概念的价值通常可以依据正面价值的含量进行分类,其中有些属于绝对正价概念,即不会产生任何负评意义的审美概念。"自然"便属于这样一个绝对正价的审美范畴,它不仅成为人们评论作品高下的根据或准则,而且还形成了一套与儒家"文以载道""经世教化"艺术观互相并立又互为补充的美学体系。

二 朴拙与大巧

在"道法自然"原则下,道家对一切与自然相悖的、人造伪饰的事物都持否定态度,甚至对生活中的物质享乐、声色刺激也极为排斥。《道德经·第十二章》提道:"五色令人目盲;五音令人耳聋;五味令人口爽;驰骋畋猎,令人心发狂;

难得之货，令人行妨。是以圣人为腹不为目。"① 在老子看来，华丽的色彩、美妙的音乐、美味的食物容易给人感官刺激，纵情打猎容易乱心，稀有之物容易引发偷抢等不端行为，因此圣人通常只图饱腹而已，不求外在享受。在这种思想指引下，老子大力提倡"见素抱朴，少私寡欲"（《道德经·第十九章》），主张"复归于朴"（《道德经·第二十八章》），追求一种朴素自然、平淡寡欲的存在状态，反对一切奢侈与华丽。老子认为最高妙的东西在形式上反而是最简单朴素的，并由此产生了"大巧若拙"的哲学观与美学观。从哲学层面来说，"朴"与"拙"都是超越机心、摆脱造作、避免人为、师法造化的产物；从美学上考察，"朴""拙"是一种远离铺陈、藻饰、雕琢的简单无华之美。毫无疑问，"朴""拙"与老子尚真、尚自然的观念是一致的，是"真"与"自然"在现实生活中的投射和表现。

庄子继承了老子的哲学思考，也继承了自然拙朴的审美趣味。《庄子·胠箧》篇认为：只有搅乱六律，毁掉各种乐器，堵住师旷的耳朵，人们才不会张扬自己的聪慧；只有消除纹饰，拆散五彩，粘住离朱的眼睛，人们才能内敛自己的明敏；只有毁坏钩弧、墨线，抛弃圆规、角尺，折断工倕的手指，人们才

---

① 陈鼓应：《老子注译及评介》，中华书局1984年版，第106页。

第四章 自然之道

不会炫耀自己的技巧。由此可见，庄子也是"大巧若拙"的拥护者。与老子相比，庄子的"拙"更强调抛弃技巧，否定外在的技术和工具。从人类历史看，技术发展是文明进步的重要标志之一，然而在道家看来，工具上的便利并不能代表生命的舒展自然，技术和技巧也并不能解决人们的根本问题。相反，发达的工具、精湛的技巧、先进的技术方式，以及在此基础上产生的对技术、技巧的迷恋，往往会构成对自然本性的破坏。因此，庄子倡导"大巧若拙"，主要是希望人们能从对技巧的追逐回归到对心灵的安守，从欲望的放纵回归到本性的恬淡。

在庄子学说中，"大巧若拙"不仅是反对技术、反对人对世界的改造，同时也指向一种天然自守、不为外物所动的精神世界的涵养。《庄子·达生》篇讲到纪渻子为齐王养斗鸡，十天后齐王询问，纪渻子认为该鸡未脱骄矜。过了十天，纪渻子认为鸡易受外境牵动，仍不允。十天后，再问，纪渻子认为鸡怒视盛气，还不行。又过十天，纪渻子认为差不多了，因为不管外界如何，这只鸡都精神凝聚，呆板得像只木鸡，然而别的鸡见之便逃，根本不敢应战。庄子用"呆若木鸡"的寓言来说明：外在的骄恃、盛气，是内在修为不足的表现，反而难以成功；内在强大者，往往精神凝聚，甚至外在会显得呆拙，而这正是"大巧若拙"的反映。作为道家一种独特的理论观念，"大巧若拙"并不以外在标准去解释世界，而是把内在力量作为审美法则。这种内在力量体现在美学上,通常是一种不加雕琢的朴拙美,即天然的、真实的、纯粹之美。

朱良志教授指出:"大巧若拙"是中国美学的重要命题。这一命题包含着去机心重偶然、去机巧重天然、去机锋重淡然等内容,体现出中国美学师造化、轻人工的理论倾向。这种思想与古典艺术创作相结合,使作品呈现出朴拙、含蓄的艺术特征。在中国传统文化中,"拙"与"巧"通常是相对的,许慎《说文解字》便认为"不巧谓之拙"。然而仔细分析,中国古典美学所崇尚的朴拙并不是"巧"的对立面,而是洗尽铅华之后、不显雕琢的"工巧",是一种超越原始又不失自然高妙的大美,诚如《庄子·山木》所说的"既雕既琢,复归于朴"[1]。因此,在中国古典美学理论中,朴、拙与巧总是如影随形。譬如陆机《文赋》提到"言拙而喻巧""理朴而辞轻";宋代陈师道《后山诗话》主张作诗文"宁拙毋巧,宁朴毋华"[2];金代王若虚《滹南诗话》云"以巧为巧,其巧不足,巧拙相济,则使人不厌。唯甚巧者,乃能就拙为巧"[3],王若虚认为若一味追求工巧,反而不够巧,只有巧拙相济、工拙相伴,才不会令人生厌;清代袁枚《随园诗话》谈道"诗歌宜朴不宜巧,然必

---

[1] 陈鼓应:《庄子今注今译》,商务印书馆2007年版,第588页。
[2] (清)何文焕:《历代诗话》,中华书局2001年版,第311页。
[3] (清)丁福保:《历代诗话续编》,中华书局2001年版,第507页。

第四章 自然之道

须大巧之朴"①，更是简明点出"巧"与"朴"的关系。由此可见，"大巧若拙"所体现的不仅是一种美学观，同时也是一种艺术辩证法，中国传统的朴拙美，其实是"巧"与"拙"的对立统一。

　　朴拙之美在中国传统书法、绘画中表现得十分突出。宋代著名书法家黄庭坚在《论书》一文中批评当时年轻人学习书法，如同新媳妇梳妆，用尽各种点缀，反倒失去了内在气韵，因此主张"凡字要拙多于巧"，不要矫揉造作，要追求内在真实自然。中国传统绘画也很讲究构图及用笔的拙朴，这在水墨山水中表现得尤为充分。中国传统山水画的用色通常有青绿、重彩及水墨三种，自吴道子、王维开创水墨一派后，山水便在黑白的世界里运营生化，把道家"素朴""淡然无极"的审美境界发挥得淋漓尽致。张彦远《历代名画记》"论画体工用榻写"一节中谈道：对于草木、云雪、山峦、凤凰等，仅用墨色便能表现出五彩效果，是深得物象之意蕴，若过于在意五色，"则物象乖矣"。因此，绘画时忌讳过分追求技法上的精巧细密以及形状、色彩上的面面俱到，如果绘画技艺过于"外露巧密"，反倒失去自然意蕴，不能成为上上品。很显然，张彦远深得道家自然精髓，他承袭了道家排斥外在表象、注重

---

① （清）袁枚：《随园诗话》，崇文书局2012年版，第73页。

内在精神的美学理念，主张画者要抛弃对物色技巧的外在追逐，用心关注所画对象的内在性质。

朴拙画风在元代得到弘扬，倪瓒以清淡简远的纸本水墨把山水画推向了新高峰，他称自己作画"不过逸笔草草，不求形似，聊以自娱"，然而正是这种笔简意幽、拙趣天然的画风，使他为后人称道，并被视为元画的最高代表。明清时期文人画盛行，徐渭、八大山人、石涛、郑板桥等人更是在宣泄生命激情的同时又以简单的线条与水墨把古典绘画艺术的朴拙美发挥得淋漓尽致。作为明末清初的画家、画论家，顾凝远极推重"拙"，他在《画引》中对此论述颇多，认为"工不如拙"，"惟不欲求工而自出新意，则虽拙亦工，虽工亦拙也"[①]。在他看来，正由于"拙"没有丝毫造作之气，因此显得更为深雅。由此可见，作为自然真性的艺术表达，拙朴不仅与粗糙丑陋无关，反而是雅人深至的高度体现。

两千年来，在老庄"大巧若拙"思想影响下，中国传统艺术家们从物体光色斑斓、转瞬多变的表象中跳出来，不去苛求技巧、色彩、形式的完美、逼真，而是转向用朴拙的手法、简单的色调去写意、传神，让物象、色彩皆成为内心的一种感

---

① 潘运告：《中国历代画论选》，湖南美术出版社2007年版，下册，第69页。

受。因此，与西方绘画尤其是蛋彩画、油画中讲究光线、注重物体色彩细腻变化的艺术追求不同，中国文人画似乎无意追求多变的色感与精致的画面，大多采用"随类赋彩"的表达方式，以简约的水墨、素朴的笔触来勾勒、渲染物象，既回避了"五色令人目盲"（《道德经·第十二章》）的尴尬，又可以使画者专注于自我内在情志的传神表达。综观中国美学史，几乎所有的艺术创作都与人的内在主体世界息息相关，而"朴拙"美恰恰是人的自然原始精神与外部物象紧密契合的产物。从美学上看，"朴拙"这一范畴所蕴含的审美内涵，不仅代表了人们对艺术本质的探寻，而且也体现了艺术家们对生命本性的复归。

三 致虚极，守静笃

作为道家的哲学核心与审美理想，"自然"是道家的最高理想追求。若想实现自然，首先要把握其根本，找到其路径。《道德经·第十六章》有云："致虚极，守静笃。万物并作，吾以观复。夫物芸芸，各复归其根。归根曰静，静曰复命。"[①]在老子看来，万物纷纭复杂，但最终都要回归到其各自本源，

---

① 陈鼓应：《老子注译及评介》，中华书局1984年版，第124页。

回归本源便是"静",人只有完全达到虚空无欲的境界,安守清静状态,才能观察到万物运作的规律。由此可见,"静"乃自然之道的根本属性,"虚静"是悟道的方法和手段,因此,人要在绝对空明、宁静的心灵状态下,即"致虚极,守静笃",才能与万物相通、相融。

庄子不仅在《天道》篇中把"夫虚静恬淡寂寞无为者"视为"天地之本""道德之至""万物之本"[①],而且在不少篇章中对"虚静"进行了深入阐释,还提出了"心斋""坐忘"这两个概念。《人间世》中讲到颜回向孔子请教进步之法,孔子要他先做到"心斋",也就是心志专一,不用耳朵听,而要用心去领会、用气去感应,这样才能达到空明境界,即心斋。孔子认为如果能悠游于尘世中却不为名位所动,能顺势而言、逆势而止,不奢求、不招摇,心神凝聚,安守于一,就差不多做到"心斋"了。《大宗师》中讲到颜回向孔子汇报自己的进步,称自己忘掉了仁义、忘掉了礼乐,但孔子认为还不够,直到颜回说自己达到"坐忘"状态,才得到肯定。颜回所谓的"坐忘",就是忘掉了自己的肢体、忘掉了自己的聪明、忘掉了自己的形体以及自己的智慧,与大道融为一体的境界。《达生》篇中还讲到梓庆制作鐻这种乐器,被人惊为鬼斧神工,

---

[①] 陈鼓应:《庄子今注今译》,商务印书馆2007年版,第393页。

第四章 自然之道

问他如何能达到这种技艺,梓庆说没有什么妙法,只是在工作前不敢耗费一丝精神,必定要斋戒静心。斋戒三日时,会忘掉庆赏爵禄;斋戒五天,忘掉毁誉巧拙;斋戒七天,甚至忘掉自己的四肢形体。排除外扰后,专心观察林木的天性,体会钟镶的形态,以天合天,自然会达到神工的境界。

由此可见,无论《道德经》的"致虚极,守静笃",还是《庄子》的"虚静""心斋""坐忘",其目的与本质都是一样的,都是要求人们忘掉自身、忘掉功利,用心灵去感受、体验、想象,与自然融为一体,最终达到物我交融、天人合一的境界。在老、庄的论述中,"虚静"虽然仍属哲学范畴,但其中已具有明显的美学倾向。正如梓庆削木为镶中所体现的,人通常要在虚空宁静的状态下,才能摆脱各种功利束缚,不为外物所役,才可以用心照见万物的天然本性和无穷生机,从而获得精神的自由、愉悦,达到神工之境。因此,"虚静"对后世的文艺创作心理以及作者的心性修养产生了极深远的影响,成为中国古代审美心理学中十分重要的一个概念。

魏晋时期,随着道家思想的再度兴盛,"虚静"也逐渐进入文学理论领域。陆机最早将"虚静"运用于文学创作研究中,其《文赋》谈到"澄心""凝思",强调作家创作时要保持虚无澄清的心理,通过凝神沉思和阅览经典来获得灵感。刘勰则更直接地把"虚静"这一概念引入文艺理论范畴中,其

《文心雕龙·神思》篇以道家思想为基础,提出"陶钧文思,贵在虚静,疏瀹五脏,澡雪精神"①,也就是说,酝酿文思时贵在内心虚静、摆脱杂念,要疏通心中的阻碍,涤荡净化心灵与精神。道家认为世间"大美"皆源于天地自然,人只有遵循自然之道,用虚静之心去领悟和实践,才能达到美好神妙的境界;反过来看,只有以虚静之心创作出来的艺术作品,才能够很好地呈现自然之道,让人从中领悟美、获得美的享受。因此,"虚静"不仅是人们领悟世界的最佳状态,也是艺术家在创造过程中所达到的最佳状态,刘勰把这种状态称为"神思"。当作家进入神思之境时,一方面可以从世俗中解脱出来,彻底排除内心的杂念、欲求以及外界的一切干扰;另一方面可以进入审美观照中,"思接千载""视通万里",打破物我、时空的限制,最终达到"思理之致",创造出与自然相通的艺术作品。

唐宋以来,人们越来越多地把虚静与文艺创作联系起来,比如苏轼在《送参寥师》中说:"欲令诗语妙,无厌空且静,静故了群动,空故纳万境。"在这位文豪看来,创作时必须要心境虚空、静观世界,这样才能在变化无常的宇宙中感受万物运作,才能写出高妙的诗歌。明清以来,虚静更是被许多文学

---

① 周振甫:《文心雕龙注释》,人民文学出版社1998年版,第295页。

家、艺术家视为创作过程中可遇而不可求的一种审美精神境界。晚清词人、词论家况周颐在《蕙风词话》中谈到营造词境的过程，称"据梧冥坐，湛怀息机……乃至万缘俱寂，吾心忽莹然开朗如满月，肌骨清凉，不知斯世何世也"①。词人在填词时，首先冥坐，澄清心怀，忘却心机，达到万缘俱寂的虚静状态，然后进入莹然开朗、超越时空的审美境界中。

清代后期，随着西学涌入，学者们对虚静的审美研究也呈现出新风貌。王国维把康德、叔本华的"审美无利害说"与中国传统虚静理论结合起来，使虚静获得了更为丰富的内涵。王国维指出，一切美的对象和艺术都是形式美，并不能给人们提供任何实际利益，因此人们可以在审美过程中"超出乎利害之范围外，而倘恍于缥缈宁静之域"②。反之，人们若想要发现美，获得艺术的审美价值，必须"无一己之欲望"，保持"胸中洞然无物""缥缈宁静"的心态。很显然，王国维以中西合璧的方法深入揭示出虚静作为非功利审美心态的价值意义。他认为："吾人之胸中洞然无物，而后其观物也深，而其体物也切。"③ 强调诗人必须胸中无物，摆脱各种现实利害束

---

① 唐圭璋：《词话丛编》，中华书局1985年版，第4411页。
② 王国维：《古雅之在美学上之位置》，载《王国维遗书·静安文集续集》，上海古籍出版社1984年版，第389页。
③ 王国维：《人间词话：王国维美学文选》，安徽文艺出版社2015年版，第190页。

缚，才能深切地感知万物，从而创造出深刻高远的作品。

徐复观先生认为：最富有中国特色的艺术精神是庄子以虚静之心为主体、独与天地精神往来的思维范式。的确，庄子的虚静，实际上是一种超越物质感官、抵达事物内在精神本质的有效途径。这种超出感官的心灵飞跃，往往出现在艺术家创作时所呈现的超然忘我的神圣状态中，即由虚静之心所创造的心游万物的艺术境界中。随着我国古代文艺理论的发展，"虚静说"的美学意义渐渐显现出来，历代文学艺术家们从创作状态、审美接受等不同角度对虚静进行了阐释，渴望着能以虚静之心遨游于天地万物之间，感悟天地大美，最终与万物和谐共存，用审美的方式来实践天人合一、自然和谐的艺术人生。

四　齐生死

生死是人类永恒的话题，也是生命哲学最为关注的对象。如果说关于死亡的觉悟和解释意味着人类自我意识的崛起，那么，对生死观的考察便是把握某种文化原型的重要途径。数千年来，中国人的生命活动，总是围绕着儒家的人伦与道家的自然这两个支点进行的。儒道两家对于生命的产生与消亡，虽然都抱着相对自然的态度，但本质上差别很大：儒家认为个体自然生命虽然有限，但理性生命是能够永存的，人可以通过

第四章 自然之道

"立德、立功、立言",使个体生命达到不朽;相比之下,道家对生死的态度更为豁达,他们把生死都看作是自然造化的必然产物,甚至干脆泯灭了生死的界限,提出"齐生死"的哲学观。

道家的生死观主要体现在《庄子》中,比如《大宗师》中提到"生死,命也",把生死视为不可避免的天命。庄子认为正像黑夜和白天自然交替一样,生存与死亡也是自然规律,"故善吾生者,乃所以善吾死也",人们对待生死的态度应该是一致的,对生感到欣喜,对死也要有欣喜之心。因此,桑户死了,他的好友不仅没有痛哭,反而一个编曲、一个弹琴,相和而歌:"桑户啊桑户,你已还归本真,而我们还寄迹人间。"《至乐》篇通过庄子鼓盆而歌、与骷髅对话等寓言,深入探讨生死哲学。庄子妻子去世,惠子前往吊唁,看到庄子正敲着瓦盆唱歌,便斥责他太无情,庄子解释说:起初自己也是哀伤的,但想到人原本是不曾有生命的,不但没有生命,而且没有形体,不但没有形体,而且本来无气。在恍惚迷离中产生了气息,气变而为形体,形体变而有生命。由生到死,就像春夏秋冬四季交替运行一样。妻子死去,有如安睡在天地这座大房子里,而自己在旁边哭泣不止,是不通达天命的表现。庄子还借列子之口谈到生死辩证之理:列子见到一具百年骷髅,拨开草丛指着他说"唯予与汝知而未尝死,未尝生也"。站在列子的角度看，骷髅是死，自己是生；而从骷髅角度看，列子是死，骷髅是生。庄子认为生死是无穷转化的，推至极处便可认为死亦未曾死，生亦未曾生，正如《齐物论》中所说的"方生方死，方死方生，方可方不可，方不可方可"，每个生命体的产生其实就是奔赴死亡的开始，而死亡的同时则又开启了新的轮回。这种生即是死，死即是生的生死观，向人们昭示了万事万物的相关性和整体性，它不仅消解了个体生命发展历程中所产生的死亡悲剧意识，建立起一种旷达、超迈的心胸和澄静淡然的人生境界，而且也构建起中国艺术史上一种物极而反、运转变化的美学思维。[1]

作为中国传统美学的重要构成，庄子美学的一大特点是关于道的生命化和审美化。毫无疑问，庄子的生死观完全超越了生命的有限存在，他把生命存亡与昼夜、四季等自然规律等同起来，这样，生死便成了道与自然的化身。在庄子看来，天地万物是同质共通的，我即是物，物即是我，生即是死，死即是生，由此产生了"齐物""等生死"的观点，彻底泯灭了生死、物我的界限，打破了生死之间的对立。在中国传统文学艺术作品中，关于生死转化的表达时常可见，其中极具代表性的

---

[1] 以上引文和现代汉语翻译参见陈鼓应《庄子今注今译》，商务印书馆2007年版，第67页。

第四章 自然之道

是明代汤显祖的剧作《牡丹亭》：太守之女杜丽娘深居闺阁，由《诗经·关雎》而引发思春之情，梦中与书生柳梦梅幽会，后因情而死，死后与柳梦梅结婚，最终还魂复生，与柳在人间结为夫妇。对于这样一个生死离合的奇异故事，汤显祖在《题词》称："情不知所起，一往而深。生者可以死，死亦可生。生而不可与死，死而不可复生者，皆非情之至也。"[1] 在他看来，至深真情是不灭的，在这个前提下，生命本体的生死是可以超越、转化的。

从美学角度看，庄子这种生死同一、互生互化的哲学观念与传统艺术思维之间颇有相通之处。在中国古典诗学中，"活法"是个极富表现力的命题，宋人对此有不少论述。《岁寒堂诗话》中记载了一则吕本中以"死活"论诗的故事：张戒见到吕本中，询问黄庭坚的诗是否得到杜甫诗歌精髓，回答曰是。张戒接着问黄诗妙处何在？吕本中以禅宗中的"死蛇弄得活"来作答。黄庭坚所代表的江西诗派以杜甫为宗，吕本中借用禅语来赞扬黄庭坚善于学习杜诗却又不拘泥于杜诗，从而使其诗歌获得了新生命。宋代佛教公案中常以"死活"来说理，比如慧洪《林间录》中提到洞山初禅师称"语中有语，名为死句；语中无语，名为活句"，很显然，禅师把意在言内

---

[1] （明）汤显祖：《牡丹亭》，百花洲文艺出版社2015年版，第1页。

的语言视为"死句",意在言外之语则为"活句"。严羽《沧浪诗话》也提到作诗"须参活句,勿参死句",提醒后人在学习、吸收前人诗歌时,应该撷取有生命力的、意在言外的语句,避免呆板僵化、意在言内之语。

在宋代文论中,不仅作诗讲究"活法",作文亦如此。俞成在《萤雪丛话》中讨论写文章的"活法"与"死法"。他认为做文章自有"活法",如果胶着、拘泥于古人的境界而不能点化其语句,是"死法"。以"死法"写成的文章,专门蹈袭前人,不能转化为自己的话语,无法产生新的意义。"活法"则可以夺胎换骨,点化前人,使那些陈旧的语言获得新生命,具有言外之意。整体来看,中国传统诗论、文论中的死与活,其着眼点在于创作中的破与立、继承与创新的问题。破中有立、有破有立,在继承的基础上有所创新,是文学艺术发展的基本规律。

清代中叶性灵派诗人吴文溥在《南野堂笔记》中总结道:充盈天地间的皆活机,没有死法。因此僧家参禅、兵家布阵、国手算棋、画工点睛、曲师填谱等,皆讲究"活"。的确,生(活)与死这对辩证范畴,在中国传统哲学、美学思维中时常可见,"死去活来""置之死地而后生"等,甚至成了人们的惯用语。就棋道而言,死活乃围棋的基础,离开了死活,占地、取势就无从谈起。黄宾虹先生把棋道引入画道中,他在

第四章　自然之道

《与王伯敏书》中谈道："吾亦以作画如下棋，需善于做活眼，活眼多，棋即取胜。所谓活眼，即画中之虚也。"[1]《自题〈烟之腾空〉赠燕山棋社》中亦提到"山脉、水源、道路，画理如棋子，子皆活为盛"[2]。可见在黄宾虹先生的艺术思想中，死活与绘画中的虚实相对应，活即构图中的空虚、留白。中国画无论理论还是创作，都深受道家思想影响，格外讲究构图及用笔的气、势、虚实等，故而追求"画外之画"，认为"虚实相生，无画处皆成妙处"（笪重光《画筌》）。试想一幅水墨画，如果画面布满物象，笔法又重又实，反倒缺乏生机与意趣，给人以呆滞死板之感。反之，不同位置的"留白"与不同的"实景"相配合，可以使画面产生轻灵鲜活、韵味悠长的审美意义。

从整体来看，西方艺术往往给人带来强烈的感官刺激，而中国古代艺术则崇尚朴素淡雅，给人以宁静、旷逸之感。中国传统艺术之所以形成如此风貌，与道家自然、朴拙、虚静等思想密不可分。作为中国传统哲学、美学思想的重要内容，道家对自然、对人生有着一种彻悟的洞察力和诗意的把握力，它将哲学、美学、艺术、诗汇于一身，将高超的精神体悟、文化精

---

[1] 黄宾虹：《黄宾虹谈艺录》，河南美术出版社1998年版，第130页。
[2] 同上书，第113页。

神和生命实践熔于一炉,引导人们把生存意义提升到美学的层面。在"道法自然"这一核心思想统摄下,道家崇尚自然而然、不雕琢、不矫饰的美学意识,并在此基础上,产生了"大巧若拙""虚静"等美学概念,以及生死齐一、变化流转的艺术思维。道家思想中所蕴含的美学精神,深刻地影响着中国人的艺术生命和艺术见解。

第五章　气韵风神

魏晋时期沿袭汉代风气，非常重视人物品鉴。《世说新语》中"识鉴""赏誉""品藻""容止"等，以大量的篇幅记载了这方面的内容。而且魏正始（240）以后，这种人物品鉴的性质逐渐从政治性评价转向哲学和审美的评价，对当时和后世文学艺术的创作、欣赏等产生了深远影响。

"高情"和"才藻"是魏晋时期人物品鉴的两个重要方面，人物之所以具有感人的"气韵风神"，与之密切相关。而且，魏晋时期的人物品鉴，明确地把对人物的观察区分为内在的不可见的精神和外在的可见的感性两个方面，提出了由外知内，"瞻形得神"的品鉴原则；还立足于审美体验，将对美的欣赏判断和理智的分析判断区分出来，由此形成了重要的美学概念，如"气韵""骨法"等。

从南朝谢赫《古画品录》中提出的"气韵生动"等评价原则，到唐代张璪的"外师造化、中得心源"的艺术创造原则，以及唐代张彦远《历代名画记》中总结的"意在笔先"命题，都显示了魏晋时期人物品鉴之风对书画美学产生的深远影响。

一　魏晋风度与人物品鉴

东晋书法家王羲之喜欢鹅，听说附近有位道士养了一群白鹅，特意前往。看着清波中白鹅引吭高歌的身姿，喜欢极了，很想把它们带回家。道士说："我一直想请人抄写《黄庭经》，如果你能帮忙，它们就全归你。"于是，王羲之用抄写的《黄庭经》换取了一群白鹅。甚至有人说，王羲之所书《兰亭序》中每个"之"字都不同，似乎受到了鹅走路、站立等优美姿态的启发，使他对书法运笔获得了一种特殊的理解，形成了"龙跳天门，虎卧凤阙"的流美书风。

王羲之的儿子王徽之住在浙江山阴的时候，一天夜里醒来，只见天地间一片银装素裹，雪花还不时地飘进房间。此情此景，令他有些彷徨，便吟唱起《招隐诗》来，吟诵之间，浮现了老朋友戴安道的身影，于是，他连夜坐着小船赶往剡县戴家。船走了一夜，快到戴家门口，他却又让船往回开，仆人问他为什么。王徽之回答说："我乘兴而来，尽兴而返。何必一定要和他见面呢？"

第五章　气韵风神

无论是王羲之以《黄庭经》换群鹅，还是王徽之雪夜访戴（"任诞"），都显示了魏晋名士在日常生活中妙悟万物神韵、寻求诗化人生的特点，流露出一种豁达超脱的生活态度、一种风流潇洒的个人风度。

我们知道，东汉政权瓦解之后，混乱的局面持续了四百多年。其间政权更迭、战祸相继、政治黑暗、人民生活痛苦。汉政权的瓦解，也引发了儒学信仰的危机。到了魏晋时期，统治者内部不择手段地互相争夺，西晋灭亡和北方统治者的逃亡南渡，更加深了儒学的信仰危机。在这空前的社会混乱、信仰危机的情况下，魏晋士人在绝望中寻找希望，积极探索人生的意义，由此走向了玄学。鲁迅先生在《魏晋风度及文章与药及酒之关系》中指出，魏晋名士独特的风姿，如"任诞""纵酒""吃药"等，是由政治的黑暗和士大夫心中的痛苦所造成的。因此，我们可以简单地将"魏晋风度"理解为：它是对魏晋名士面对社会黑暗和人生痛苦所采取的超越的态度、行为方式的一种积极的评价，它具有追求人的自由存在风貌的特点和魅力。后来泛指对那种超越世俗礼教、追求个性自由的态度和行为方式的赞赏。魏晋士人通过区分个体的存在与类的存在（群体和社会），将人们的目光引向对个体生命的关注，改变汉代以来把群体和社会放在至高无上地位的做法，从而把个体存在推上了重要的地位，同时要求重新寻求和确定个体存在的意义和价值,[①] 这对后世的文学、艺术、生活等产生了巨大的影响。

所谓"人物品鉴",就是对人物的德行、才能、风采等进行的评价。它源自先秦以来的"相法"。"相法"是古人对人的贵贱、祸福、寿夭等的观察判断。汉末魏初,随着评定德行才能的政治性的人物品鉴之风兴起,相法就逐渐失去了地位。而且,当时的人物品鉴和人才的选举任用直接联系,朝廷以"名"察举官吏,士人也以追逐名声来博得自己的声望,这样一来,人物品鉴成为政治生活中极其重要的问题。正始(240)以后,人物品鉴的性质逐渐从实用的政治评价转向哲学和审美的评价。前者与玄学的发展相关联,后者则与文艺的发展密切联系,两者还互相渗透,[②] 由此对当时的审美意识、好尚变化、艺术鉴赏等都产生了重要的影响。

"高情"和"才藻"是魏晋时期人物品鉴的两个重要方面。所谓"高情",就是高度赞赏发自内心的、真挚自然的情感流露,一反汉代名教礼法统治下的虚伪矫情。这种"高情"

---

① 李泽厚等主编:《中国美学史》卷二,中国社会科学出版社1987年版,上册,第5—11页;马良怀:《崩溃与重建中的困惑——魏晋风度研究》,中国社会科学出版社1993年版,第143—144页。

② 李泽厚等主编:《中国美学史》卷二,中国社会科学出版社1987年版,上册,第58、101—102页。

第五章 气韵风神

经常表现出对人生的一种深情、一种洞见以及对美的深切的感受。它与魏晋玄学对超越礼法束缚的、自由的人生境界的追求是分不开的。王羲之以《黄庭经》换鹅就体现了这种"高情"。当时与"情"相关的"才藻",虽然仍包含政治才能,但更多指的是文学、书画、音乐等方面的创造才能、欣赏才能、思辨才能以及日常生活中表现出来的人生智慧等。[①]

魏晋时期人物品鉴由政治选拔转向审美辨析,极大地促进了当时审美活动的自觉和普及,广泛深刻地影响了当时文学艺术的创造和欣赏,影响了后代美学思想的发展。所以宗白华先生说:

> 汉末魏晋六朝是中国政治上最混乱、社会上最痛苦的时代,然而却是精神史上极自由、极解放、最富于智慧、最浓于热情的一个时代。因此也就是最富有艺术精神的一个时代。王羲之父子的字,顾恺之和陆探微的画,戴逵和戴颙的雕塑,嵇康的广陵散(琴曲),曹植、阮籍、陶潜、谢灵运、鲍照、谢朓的诗,郦道元、杨衒之的写景文,云岗、龙门壮伟的造像,洛阳和南朝的闳丽的寺院,

---

[①] 李泽厚等主编:《中国美学史》卷二,中国社会科学出版社1987年版,上册,第85—86页。

无不是光芒万丈,前无古人,奠定了后代文学艺术的根基与趋向。①

魏晋时期人物品鉴之风对书画美学的影响主要体现在:

首先,人物品鉴时,从审美而非政治的角度,将人们的目光引向了对人的才情、气质、格调、风貌、能力等的欣赏,于是,不是人的外在行为节操,而是人内在的精神性(潜在的无限可能性)成为评价的最高标准和原则。② 画家顾恺之的"以形写神"、宗炳的"畅神"、谢赫的"气韵"等,都显示了对内在精神表达的高度重视,与此关系密切。此外,人物品鉴中对人物优劣品第的划分,直接影响了魏晋及后世的文艺批评,如谢赫的《古画品录》以及绘画"三品说""四品说"等。

其次,从品鉴表达方式上看,它要求以高度概括、生动形象、优美和意味深长的语言准确地说出某人的美,这就使魏晋名士对美的细腻的感受能力和表达能力得到了很大的发展。谢灵运《登池上楼》中"池塘生春草,园柳变鸣禽",显示了对

---

① 宗白华:《论〈世说新语〉和晋人的美》,载冯友兰等《魏晋风度二十讲》,华夏出版社2009年版,第232页。
② 载冯友兰等《魏晋风度二十讲》,李泽厚《魏晋风度:人的觉醒》,华夏出版社2009年版,第6—7页。

第五章　气韵风神

这种卓越能力的运用，后代文论、书画理论中也常见这样的品鉴方式。

最后，魏晋人物品鉴中，以自然美、人物美和艺术美相互比拟的品题方式，一方面，将非概念所能确定的艺术美，转化为人物的或自然形象的比拟形容，使欣赏者得以更好地体验和欣赏艺术的美；另一方面，用非概念所能确定的艺术美来比拟具体人物或自然形象，又扩大了我们对具体人物和自然形象的美感体验。这两者的相互交融，大大提升和扩展了欣赏者对美的领悟和体验。

总体而言，魏晋人物品鉴之风，让我们把对美的欣赏判断同理智的分析判断明显区分出来，形成了重要的美学概念，如"气韵""骨法""形神"等。而人物品鉴之所以对于魏晋美学概念的形成具有直接的基础作用，在于作为人物的审美直观，它最为明确地把对人物的观察区分为内在的不可见的精神和外在的可见的感性方面，提出了由外以知内，"瞻形得神"（《抱朴子·清鉴》）的原则。[①] 这些原则在其后书画美学中都得到了广泛的运用。

[①] 李泽厚等主编：《中国美学史》卷二，中国社会科学出版社 1987 年版，上册，第 97—99 页。

二　形与道

南朝画家宗炳在《画山水序》中说：

山水以形媚道，而仁者乐。

孔子说过"智者乐水，仁者乐山"，为什么？因为自然山水能以具有魅力的形态表现出对圣人的亲和、爱悦之情，能使人情怀高洁，超越世俗的功利心，进入一种审美状态，所以古圣人如轩辕、高士如许由之流喜欢游山玩水。按照这样的逻辑，画山水画也就是要追问：如何将自然山水的内在精神通过外在具有魅力的形态展现出来，并能体现出山水"以形媚道"的特点。它显示了山水画领域的"以形写神"立场，并建立起山水之"神"与形上之"道"的亲密关系。

早在东晋，画家顾恺之就提出了人物画的"以形写神"原则。他认为，人物外貌形态的描写是为表现人的内在精神服务的，而人物内在精神的传达，关键在点睛，因为眼睛是人的精神透露处，是心灵的窗户。三国时期著名人才学家刘劭《人物志·九征第一》中也有类似的陈述："夫色见于貌，所谓征神；征神见貌，则情发于目。"而画家能以眼睛为人物精神传达的窗口,在于其能穿透外在的表象,从而进一步掌握和提取内在的抽象之神,这就是"迁想妙得"。"迁想妙得"是画家"以形写神"的具体方法。

顾恺之"以形写神"原则的产生,与当时的玄学、人物品鉴和佛学重神的基本立场关系密切。如"瞻形得神"是当时人物品鉴的主要方法。《抱朴子·清鉴》云:"区别臧否,瞻形得神。"从政治性转到审美性则是当时人物品鉴的特点。这些改变与六朝文士在混乱黑暗的社会环境中挣扎,追求精神自由的时代特点有关,也体现了当时的形神问题紧扣人的生命,是对人存在本质的觉醒与辨析。正是这种重视,使人的精神成为一种可以超越形体躯干而与天地之道冥合的主体,逐渐具有了独立的审美价值。由此也带来了绘画领域的转变:人物画要求画家忽略人的外在的形貌肖似,转而追求内在精神面貌的表现;山水画要求画家将注意力转到如何把握、表现山水之神上来,如宗炳提出的"以形媚道"。这种变化显示了顾恺之人物画"以形写神"原则在山水画领域的延伸。

什么是山水之神?中国古代哲学中"神"的意思与西方哲学和西方宗教神学中所谓的"神"大不相同。西方哲学和宗教中的"神"指有人格的上帝。而中国哲学中所谓的"神"主要指自然界中微妙的变化,如《周易·系辞上》

"阴阳不测谓之神";也指变化的内在动力,如《通书·顺化》"大顺大化,不见其迹,莫知其然之谓神"①,后者直接指向引发这种变化的形上本体,与"道"相通。就宗炳而言,由于受当时玄学"以玄对山水"风气的影响以及自身的佛学素养,使他对山水之神的理解,主要指向引发自然界中山石、树木、溪流等微妙变化的、精神性的内在动力。他认为,山水的精神具有超越物质实在(形)的能动性,而且不依赖物质实在而独立存在。②

魏晋文士把欣赏自然山水之美与体验人生存在结合起来,他们向外发现了自然之美,向内发现了自我的独立人格。对于他们来说,从精神层面理解山水之神很自然,这明显有别于先秦以来儒家将自然山水作为道德精神的比拟、象征而加以欣赏的做法。在魏晋人眼中,自然山水有一种特殊的美,《世说新语》载,顾恺之游浙江会稽回,人问山水之美,他回答说:"千岩竞秀,万壑争流,草木蒙笼其上,若云兴霞蔚。"

如何为山水传神?

---

① 张岱年:《中国哲学史方法论发凡》,中华书局2012年版,第121—122页。

② 李泽厚等主编:《中国美学史》卷二,中国社会科学出版社1987年版,下册,第500页。

第五章 气韵风神

宗炳在《山水序》中提出了"以形写形、以色貌色"的类比法,他说:

> 且夫昆仑山之大,瞳子之小,迫目以寸,则其形莫睹;迥以数里,则可围于寸眸。诚由去之稍阔,则其见弥小。今张绢素以远暎,则昆阆之形,可围于方尺之内。竖划三寸,当千仞之高,横墨数尺,体百里之迥。是以观画图者,徒患类之不巧,不以制小而累其似,此自然之势。

这段话的意思是说,画山水的时候,要远观("迥以数里"),太近了,就难以准确把握山石、溪流、树木之间的恰当比例("其形莫睹")。如果画面上山水各元素之间的比例准确(类之巧),那么,竖画三寸,可当千仞之高;横画数尺,能体现百里之远。所以看画的人,只担心自然山水与绢(纸)上山水之间的相似程度,而不担心画面的尺寸大小问题,这是自然而然的趋势。换句话说,画家如果能在绢(纸)上表现出山水、树木、屋宇等物体之间恰当的比例关系,那么观看者就能从中获得类似于游览真山水的审美体验。

宗炳同时代的画家王微在《叙画》中,也提到了类似于西方透视法的"以形写形,以色貌色"画法,然而这种方法并不追求形色的逼真、肖似,而是特别强调要表现山水之

"神"。如宗炳说:

> 夫以应目会心为理得,类之成巧,则目亦同应,心亦俱会。应会感神,神超理得,虽复虚求幽岩,何以加焉?又神本亡端,栖形感类,理入影迹,诚能妙写,亦诚尽矣。

这是说,山水之神是无形的,但寄于有形之物,只要画家能巧妙地把它表达出来,那么欣赏者观看时,只要目接于形,心就会领会其"理",即"应目会心",这种目击心会的欣赏过程,能感发人的精神,使"神"超于山水之"形",从而得山水之"理"(规律)。即使是亲身游历山水之间寻求山水的神理,所得也不过如此了。也就是说,在宗炳看来,"山水以形媚道""山水质有而趣灵",山水中包含着道之神理的微妙体现,而"神""无形"可见,栖身于有"形物"之中,所以画家能"妙写"的话,就可以尽现山水之"神理",能尽山水之"神理",欣赏者自然也能"心亦俱会",达到"畅神"的功效,得到精神上的解脱和超越,获得一种自由感。

由此可见,魏晋时期受玄学、佛学等重神思想的影响,在绘画领域,部分画家已经不再关注描写物象外形的逼真,而如何穿透自然山水的表象,如何提取自然山水的真精神,才是他们最关心的问题。这种追求方向的转变，对后代书画理论中的重"笔"倾向起了积极的推动作用。

三　造化与心源

张璪是唐代重要的山水画家，善画松石，作画时能双管齐下，一为生枝，一为枯枝，生枝润含春泽，枯枝富有秋色，作品被唐代理论家朱景玄定为"神品"。他作画喜欢用紫毫秃笔，有时直接用手。有人问他跟谁学的，他说："外师造化，中得心源。""外师造化，中得心源"，言简意赅地表达了中国古代绘画的创造原则，是对客观事物如何转化为艺术形象问题的回答，也是对魏晋以来"以形写神""迁想妙得"理论的重大发展。

唐代符载在《观张员外画松图》一文中，记录了张璪作画的场景："员外（张璪）居中，箕坐鼓气，神机始发。其骇人也，若流电激空，惊飙戾天。摧挫斡掣，□霍瞥列。毫飞墨喷，捽掌如裂，离合恍惚，忽生怪状。及其终也，则松鳞皴、石巉岩，水湛湛，云窈眇。"可以想象，在一个近三十人的宴会中，张璪双管齐下，有时还以手代笔，时而奋笔疾飞若闪电，时而泼墨挥洒如骤雨，会给观众带来多大的视觉冲击力！而且，画完之后，只见云水飘渺，松石嶙峋，水墨淋漓。因此，符载感慨地写道：

> 观夫张公之艺，非画也，真道也。当其有事，已知夫遗去机巧，意冥元化，而万物在灵府，不在耳目。故得于心，应于手，孤姿绝状，触毫而出，气交冲漠，与神为徒。

这段话显示，魏晋以来崇尚神似韵味而轻视形似写真的思想，在张璪时代已经成为文人的共识。作画不再是描画一个客观的对象，而是表现事物的"真性"（本性）和画家的"真情"。这种"真情"流露在画家挥毫运思的表现性动作之中，它能与道（规律）相通。从作品上看，画家信手挥洒，没有过多的装饰技巧（"遗去机巧"），没有拘谨的痕迹，自然天成。从作画动作看，画家作画时如庖丁解牛，不是用眼睛看，而是用心体会（"万物在灵府，不在耳目"），然后形于中（构思）而发于外（笔墨），即"得于心，应于手"。

宗白华先生认为，魏晋之前，"错彩镂金"之美与"初发芙蓉"之美并重；魏晋之后，"初发芙蓉"为上，逐渐成为中国美学精神的主流。其中，"错彩镂金"追求以形、色逼真地模仿自然，政治教化是绘画追求逼真的主要原因之一，它阻碍了绘画生动地传达主题的神韵。[①]"初发芙蓉"则追求超越事物的形色,穿透事物的表象,进入世界的本体。它更强调通过"用笔"来传达画家的思想、个性、精神,强调内在生命意兴的表达,而不在于模拟的忠实、再现的可信。这种思想的形成与唐中期以后的儒道互补模式密切相关。

所谓"师造化",不是指师法自然造化所创造之物,而是师法自然造化创造本身,就是要像造化创造天地自然那样去创造。"心源"一词来自佛学。佛门的"心源"强调,"心"为万法的根源,所以叫作"心源"。此"心"为"真心",无念无住,非有非无,"心源"与妄念、妄心相对。同时,"心源"之"源",是万法的"本有",世界的一切都从这"源"中流出,世界都是这"源"之"流"。禅宗强调以"心源"去映照世界,而不是以主体去观照世界。因此,"外师造化,中得心源"的核心思想是"造化"即"心源","心源"即"造化"。也就是说,所谓"造化",不离"心源",不在"心源";所谓"心源",不离"造化",不在"造化"。脱离"心源"而谈"造化","造化"只是纯然外在的色相;以"心源"融"造化","造化"就是"心源"的实相。因此,朱良

[①] 高建平:《中国艺术的表现性动作——从书法到绘画》,安徽教育出版社2012年版,第219页。

志先生强调说，张璪的"外师造化，中得心源"，不是有些学者所谓的反映情景交融、主客结合的理论，而是一个强调任由世界意义自在显现的学说，它有突破主客二分、发现世界意义的重要思想。①

在这个"造化"即"心源"的艺术创造活动中，画家确立了以"意""气""势""笔"为结构的整体性。这是一个以"意"为统领，"气"贯穿于"笔"的特殊的主体性结构。②

中国书画艺术理论中，"意"可分为两类：以王羲之为代表的观点认为，"意"是为了形成用笔的"谋略"，即有意构思用笔的形状、运笔的方向等，可理解为总体构思。以苏轼为代表的观点认为，"意"是形成一个心像。得"意"的方法是"贯想"，就是把注意力持续集中在对象上，忘记自我，实现物我合一。可以看出，王羲之的"谋略"指向了画家的动作模式，而苏轼的心像则强调把画家的日常自我转换为纯粹自我，从而把事物的外观转换成画家心中总的精神图像。

我们可以将"气"分自然之气和人的气息。"气"是一个与生命紧密联系的语词。孟子的"浩然之气"将"气"限定

---

① 朱良志：《中国美学十五讲》，北京大学出版社2006年版，第38—42页。
② 高建平：《中国艺术的表现性动作——从书法到绘画》，安徽教育出版社2012年版，第323、389—395页。

第五章　气韵风神

在心理的特质和力量上，其后曹丕提出的"文以气为主"，谢赫的"气韵生动"等，都发展了这一思想。在这个整体性结构中，以"意"为统领，是说"意"贯穿于每一笔；说"气"贯穿于"笔"，意思是指"笔"实际上由"气"驱使。因为"意"决定了运笔的策略，而"气"赋予笔以力量。

"势"，有自然之势，也有艺术创作之势。"自然之势"是自然界的运行趋势。艺术创作之势则是画家主体的"气"在画面上被节奏化后形成的韵律感。艺术创作的"取势"概念，是从书法理论中发展出来的。"取势"并不是指模仿自然，而是指从自然的运动或形式中获取灵感。在绘画中，这种"势"指的是出现在作画过程中的倾向或趋势。"势"随"气"后，是"气"的实现。而"势"的实现是通过遵守运笔的合适的次序而获得的，即在恰当的时间，在画纸或绢的重要的位置，画下正确的每一笔，从而得到"势"。清代画家沈宗骞将它概括为"笔笔相生"关系。

"笔"，静态地理解，它指线条的高质量，有质感。动态地看，它是指新的笔画对前一笔的延续和回应，同时预示了后面的一笔。"笔"受到"意"的引领，受"气"所驱动，由"势"所决定。"笔"之美，与起笔、运笔、收笔以及笔中的含墨量等有关，更主要的是与力度有关。这种力度来自运笔的力量，还来自笔画的心理感染力。

在这个艺术创造的"意""气""势""笔"的整体性中,作画动作的一致性是用笔,它既包括作画过程的物理层面,也包括形而上的层面,这些形而上层面既先于"笔",又附于"笔"的动作;指挥动作的"意",是画家观察客观对象时,不仅感知它,还在心里创造出新的、富有感染力的艺术形象。

因此,张璪的"外师造化,中得心源"与张彦远的"意在笔先",都体现了唐代书画家、书画理论家对艺术创造方法的理解和总结。

四　气韵与骨法

东晋王羲之辞官后,移居蕺山脚下。有一天,他看到一位老妇人拿了十多把扇子,站在桥头叫卖,无人问津,就问:"老人家,扇子多少钱一把?""二十钱。"羲之取笔在手,在扇子上各写了五个字。老人着急地说:"哎呀,我们全家吃饭就靠它呢!"羲之笑着说:"你把扇子拿到大街上,就说右军在上面写了字,要价一百!"老人将信将疑地走了,果然,扇子很快就卖光了。第二天,她请人抬了一筐扇子来请羲之写字,羲之笑而不答。

王羲之的儿子王献之也是著名的书法家,父子俩合称"二王"。有一次,年幼的王献之正在专心写字,王羲之站在

第五章 气韵风神

身后,用劲抽取他手中的毛笔,居然没有成功,于是笑着说:"这孩子,将来肯定会有出息。"

前一个故事,记载了发生在王羲之身上的韵事;后一个故事常用来说明书写过程中执笔、用笔的重要性。

到了南朝,画家谢赫在《古画品录》中,将"气韵"与强调用笔的"骨法"定为评价"众画之优劣"的两条重要的标准。他说:

> 画有六法,罕能尽该,而自古及今,各善一节。六法者何?一、气韵生动是也;二、骨笔用法是也;三、应物象形是也;四、随类赋彩是也;五、经营位置是也;六、传移摹写是也。①

意思是说,自古及今,很少有人能完全掌握绘画"六法",大部分画家只是擅长其中的一部分。如何理解绘画"六法"?简单地说,"气韵生动",就是描写人物时,画家要把人内在的精神、气质等生动地表现出来,要富有生命感染力;"骨笔用法",

---

① 谢赫"六法"的句读问题,本文赞同李泽厚等主编《中国美学史》的说法:"气韵"与"生动"不是相等的概念,"气韵"需要"生动"表现出来;"骨法"与"用笔"、"应物"与"象形"、"随类"与"赋彩"也是如此,所以不能将其断为:"一气韵,生动是也;二骨笔,用法是也;三应物,象形是也;四随类,赋彩是也;五经营,位置是也;六传移,摹写是也。"

是说画家用线勾勒对象时，线条要简明准确，还要有书写的力度和美感；"应物象形"和"随类赋彩"就是宗炳所说的"以形写形，以色貌色"，即用线条和色彩模拟客观对象的真实状态；"经营位置"，讲的是构图问题；"传移摹写"是当时学习和保存古代书画的复制技术。可以看出，"气韵生动"主要关注精神层面的表达，而其他五法主要关注物质技术层面，这也是明清书画理论家将"气韵生动"视为统领其他五法的依据。

在谢赫那里，理论上，绘画"六法"是一个整体性的评价标准，画家如果能"尽该""六法"，就能达到尽善尽美，但当他具体运用"六法"体系评价画家时，又陷入了两难境地：一方面，他同情形似（"该备形妙"）的风格；另一方面，不得不遵守普遍接受的标准，即认为精神呈现和用笔之美高于写形。[1] 例如，他评价第一品（最高品）画家卫协时说："古画皆略，至协始精。六法之中，殆为兼善。虽不该备形妙，颇得壮气。"（《古画品录》）既然卫协该备"六法"，又怎么"不该备形妙"了呢？如果我们抛开谢赫的个人趣味（如齐梁宫廷画趣味），就可以发现其中示例了"用笔"开始挑战"写形"的时代特点，即新兴的重视"用笔"之美（线条质量、

---

[1] 高建平：《中国艺术的表现性动作——从书法到绘画》，安徽教育出版社2012年版，第263页。

第五章 气韵风神

力度等）与传统的将线条视为勾勒物体轮廓观点之间的抗争状态，线条到底是表现物体轮廓，还是可以表现其自身富有生命韵律的美感？

"气韵生动"评价标准的形成，受到了当时人物品鉴方法、原则的影响，至于"骨法用笔"标准，则归功于当时书法实践和理论的发展。

我们知道，"气"的常识意义是指普通实物的气体状态。哲学意义上的"气"，泛指一切状态，包括物质状态和精神状态，如孟子的"浩然之气"。它是构成万物的原始材料，与西方的"物质"概念基本相当，它更强调"气"的运动变化，肯定"气"是有连续性的存在，肯定"气"与"虚空"的统一。① "气"，是一个与生命联系紧密的词。"韵"的本义是"和谐的声音"，由于音乐在古代世界对文学的巨大影响，它很快被应用到诗学领域，指音节或汉字的押韵所带来的流畅的韵律。魏晋文士探究"文"与"笔"的区别后认为，"韵"是"文"的特质，"韵"也由此被用来定性文人或诗人的某种特殊的品质。②

---

① 张岱年：《中国哲学史方法论发凡》，中华书局 2012 年版，第 123—124 页。
② 高建平：《中国艺术的表现性动作——从书法到绘画》，安徽教育出版社 2012 年版，第 209—211 页。

有学者研究后指出,谢赫的"气韵"概念,主要来自当时的人物"品藻","气"是人体的生命力本源,与人的气质、个性和精神直接相关,没有"气",无所谓"韵"。"气韵"作为一个美学概念,是指人的个性、气质等相关的生命律动,以及个体的才情、智慧和精神的美这两者的统一。它呈现为一个诉诸于直观的形象,处处显示出生命的律动,同时又渗透出一种内在的精神性的美,十分接近于音乐。[1]

宗白华说,晋人的书法是抽象的音乐,其中处处流露出晋人空灵的玄学精神和个性主义的自由价值,[2]而我们从东汉蔡邕《笔论》中也能看出书法家对"用笔"创造节奏的兴趣,他说:"书者,散也。欲书先散怀抱,任情恣性,然后书之……为书之体,须入其形。若坐若行,若飞若动,若往若来,若卧若起,若愁若喜,若虫食木叶,若利剑长戈,若强弓硬矢,若水火,若云雾,若日月。纵横有可象者,方得谓之书矣。"在蔡邕看来,书写是闲散之事,须有闲心,还要放纵情性,只有这样,写出来的作品才能有丰富的意象、动人的情趣。蔡邕的弟子钟繇在《用笔法》中指出了重视

---

[1] 李泽厚等主编:《中国美学史》卷二,中国社会科学出版社1987年版,下册,第831页。

[2] 宗白华:《论〈世说新语〉和晋人的美》,载冯友兰等《魏晋风度二十讲》,华夏出版社2009年版,第232页。

第五章 气韵风神

"用笔"的理由:

> 用笔者,天也;流美者,地也。

意思是说,书法家要师法自然物,更要师法自然创造本身那样去创造天地万物生长的节奏和韵律,由此创造出富有生命感染力的艺术形象。

可以认为,中国书法的书写性线条本身就蕴含音乐性,特别适合于内在精神性的表达,所以从绘画艺术创作过程中的书写动作角度看,强调生命节奏、力量的"骨法用笔"正是"气韵生动"美感得以实现的重要途径。所以到了唐代,张彦远在《历代名画记》中,通过"意在笔先"概念,明确将两者紧密联结在一起,他说:"古之画,或遗其形似而尚其骨气,以形似之外求其画,此难与俗人道也。今之画,纵得形似而气韵不生。以气韵求其画,则形似在其间矣……夫象物必在于形似,形似须全骨气,骨气、形似,皆本于立意而归乎用笔,故工画者多善书。"

张彦远以"意"为媒介,建立了"气韵"原则与"用笔"方法之间的内外关系,为宋以后文人画的形成和发展奠定了重要的基础。

第六章　立言与载道

　　美学史与任何历史都是相似的，它是一条川流不息的河流，任何一朵美丽的浪花、一处壮观的激流都不是凭空出现的，往往很久之前甚至在源头处便蕴蓄着能量、激荡着潜能。唐代美学中开始崭露头角的"文以载道"的艺术观便是如此。

一　从魏晋谈起

　　"言"与"道"的问题并不是一个新问题，它的思想源头可以追溯到先秦儒家，孔子对"文"与"质"的看法便是一种最为早期的雏形。在以孔子为代表的先秦儒家看来，"道"作为最基本的"质"，它是每个君子、每件优秀艺术品共同尊奉的最高准则，它的内涵可以理解为一种超验的德行，所以君子表现出的道德，以及艺术品表现出的高雅属性，便是"德"的具体化。其实，这种思维方式与老庄哲学大同小异，道家也

第六章 立言与载道

讲"道"和"德","道"是抽象的自然规律,当一个人能够按照自然规律生存的时候,便是道家眼中的有"德"之人。只不过先秦儒家和道家对"道"和"德"都有各自的认识而已。

"言"与"道"的关系,从魏晋时期开始逐渐被重视起来。我们知道,讨论魏晋的美学是不能离开这一时期的主流思想——玄学的。一般认为,玄学的主要来源是道家思想,这话固然不错,但不够准确,就其本质来说,它是儒学化的道家思想。为什么这么说?因为魏晋时期是中国哲学史、美学史上的第一次思想融合的时期,它创造性地将道家与儒家两种思想结合在一起。当时著名的玄学家如王弼、何晏、郭象等人都有这样的倾向,在他们看来儒家与道家思考的问题是一致的,只不过道家试图对很多问题追根溯源,而"不语怪力乱神"(《论语·述而》)的儒家未对这些进行阐释而已,比如《三国志·王弼传》中就记载王弼在很小的时候就承认"圣人体无,无又不可以训,故言必及有"[1],这里的圣人指的是孔子,儒家已能够体会到"无",但这种抽象的概念难于解释,所以就不过多地言说了。另外,还有一类玄学家,他们与王弼、何晏等人不同,他们主要以文学成就见长,甚至后世往往将他们归入

---

[1] 张㧑之:《世说新语译注》,上海古籍出版社1996年版,第154页。

文学家的行列。在他们身上更能看到儒与道的复杂性，其中两个代表性的人物是阮籍和嵇康。二人都心向曹魏皇室，坚决不与司马氏集团合作。他们表现出的更多的是一种形式或肉体层面的洒脱，却少了一份庄子式的对外物和生死的达观。虽然他们反对儒家礼教，但并不彻底，在他们心中仍有一份对社会、正统的执念，恰恰由于这份执念所以才痛苦。因此，用"在儒而非儒，非道而有道"[1]来况喻魏晋文人以及魏晋玄学是十分恰当的。

说了这么多是想澄清这样一个事实：儒家载道的传统并非无源之水，它有一条清晰的思想线索，魏晋时期恰是其中的重要一环。鲁迅在题为"魏晋风度及文章与药及酒之关系"的演讲稿中说，这一时期是"人的觉性"和"文的自觉"的重要时期，"人的觉性"意味着对传统礼教道德的挑战，"文的自觉"则昭示着文学形式的自由化。因此，下面具体从文学角度谈一谈，"道"和"言"在魏晋时期理论典籍中呈现的形态。对于一般人来说，提到魏晋文学，首先想到的应该是"建安七子"和"竹林七贤"。"建安七子"是指曹魏时期围绕在曹操、曹丕父子身边的七位杰出的文人，事实上，他们的名声能够流芳千载，也恰是仰仗了曹丕的评价。这就要提到曹

---

[1] （唐）房玄龄等：《晋书》，中华书局1974年版，第1966页。

第六章 立言与载道

丕著名的《典论·论文》了,该文一直被誉为中国文学史上第一篇系统的文学批评文章。文章一开头就指出了文人的普遍通病:"文人相轻。"正因如此,他试图以客观的态度评价汉末魏初的七位文人,某种程度上也可将之视为魏晋人物品评之风的早期雏形。除此之外,也是更为重要的,这篇文章对文学的价值给予了高度认可,它说:"盖文章,经国之大业,不朽之盛事。年寿有时而尽,荣乐止乎其身,二者必至之常期,未若文章之无穷。"这段话是作为《典论·论文》的文眼出现的,认为文章是与国家治理有关的伟大事业,是足以流芳百世的不朽功绩。人的寿命和荣华富贵都是有期限的,只有文章可以历久弥新,永垂不朽。由此可见,曹丕是将文章与"经国"放在一起的,或者说将前者视为后者的手段,以"立言"的方式实现道德和国家万古长存。我们知道,早在《毛诗序》中便有对文学功能的论述,称文学可以"经夫妇,成孝敬,厚人伦,美教化,移风俗",但是随着汉代谶纬之风的盛行,到了东汉末期,人们对文学的看法已经大打折扣,充其量仅是将之看成满含巫风谶语的雕虫小技而已。而《典论·论文》的上述认识,则是一种对文章和道统的双重肯定,由此足见该文的价值所在。

曹丕的这种倾向,在南朝梁代刘勰的《文心雕龙》中被推向了新的高度。需要说明的是,在曹丕到刘勰之间还横亘着两晋文坛，尤其在西晋太康年间出现了文学史上赫赫有名的"三张"（张载、张协、张亢）、"二陆"（陆机、陆云）、"两潘"（潘岳、潘尼）、"一左"（左思）。辞藻华丽、形式繁复、讲求用典、崇尚骈偶是这一时期的基本审美倾向，这一点可以在陆机著名的《文赋》中窥得大概。到了齐梁年间，沈约又提出了著名的"永明声律"观，规定五言诗创作应避免一系列声律上的毛病，其贡献在于以格律之美向音乐层面的音律之美靠拢，还原诗歌的音乐属性，但其缺点则不免有将诗歌创造导向形式主义的倾向，所以时人认为其"俪采百字之偶，争价一句之奇"①，弊端也是十分明显的。正是在这些复杂的历史背景之下，刘勰在《文心雕龙》中进一步接续了曹丕的文学主张，承认道统与儒家经典的重要性。可以说，在文学风尚的潮起潮落、峰回路转的过程中，很多文学观念获得了更高层次的提升。

《文心雕龙》的前五篇分别是《原道》《征圣》《宗经》《正纬》《变骚》，在刘勰看来，这五篇不仅是《文心雕龙》一书的纲领，也是进行文学创作的关键所在。用他自己的话说，就是"本乎道，师乎圣，体乎经，酌乎纬，变乎骚：文

---

① 周振甫：《文心雕龙今译》，中华书局1986年版，第61页。

第六章 立言与载道

之枢纽"①，其大概意思是说文学创作的根本是"道"，《文心雕龙》中这个"道"更多的是指儒家之道，文章要有内容、有担当，而不能仅仅依靠繁复的文采。儒家的圣人和他们创作的经典，是"道"的具体呈现方式，"道沿圣以垂文"，相比于一般人，圣人是能够体悟到大道的，他们又通过经书将这种认识传达出来。所以"原道""征圣""宗经"就是要求写作文章应该尊奉道统，学习经典，且言之有物。除此之外，也不能忽视文采的重要性，于是还要适当地学习纬书中的辞藻，取楚辞中的精华，并加以符合时代要求的创新。由此可见，《文心雕龙》的基本立足点是追求内容与形式的紧密结合，在圣人和经书中沿袭道统，在纬书和楚辞中吸收文采，两者相得益彰才能产生好的文学作品。这种倾向在《文心雕龙》中是一条基本准则，比如《风骨》篇就讲文章既应具备感人的力量，同时也要有隽美的文辞，所谓"风清骨峻"说的就是这个道理。

除此之外，在刘勰看来，曹丕、陆机等人对文学的论述都是不够全面的，都是"各照隅隙，鲜观衢路"，仅仅看到某个角落，而忽视了康庄大道。这一点尤其表现在他对文学功能的看法上，较之于曹丕，他更加彻底一些，称："唯文章之用，

---

① 周振甫：《文心雕龙今译》，中华书局1986年版，第456页。

实经典枝条；五礼资之以成，六典因之致用，君臣所以炳焕，军国所以昭明。"[1] 认为文章是经典的旁支，礼制和法典都是依靠它而产生，君臣政绩、军国大事也凭借它得以彰显。将这段话与曹丕"经国之大业，不朽之盛事"相对照，不难发现，刘勰的论述是更加充分的，已经将"文以载道"的观念表达得十分明显了。因此，总观魏晋南北朝时期的文学创作和文学理论，鲁迅所说的"文的自觉"其实是有限的，"言"与"道"的关系始终是这一时期的关注对象，经世致用的文学观念仍深深地扎根在文学领域中，甚至可以说，它如游丝一样贯穿于中国文学史的始终。

二 盛唐气象

唐代是中国历史上政治、经济、文化都异常发达的时期。在文学领域，这个时期几乎成了后世文学创作的标杆，尤其是盛唐更是如此。所以，后世的文人经常有"文必秦汉，诗必盛唐"的创作情怀，这在宋明时期尤为显著。唐诗作为中国文学中独树一帜的文学高峰，它是在反思南朝齐梁文风的基础上形成的。齐梁时期，以永明体和宫体诗为代表，诗歌片面地

---

[1] 周振甫：《文心雕龙今译》，中华书局1986年版，第453页。

第六章 立言与载道

追求形式美,内容上也萎靡不振,既缺少刚健之气,又言之无物,没有寄托。于是刘勰在《文心雕龙》中提出"风骨",与之同时的钟嵘在《诗品》中提出"风力"的主张,可以说两人作为生活在那个时期的理论家,都不约而同地看到了文坛的弊端,并希望对之进行纠正。

唐代最早对这种文风进行反思的是以王勃、杨炯为代表的初唐四杰以及陈子昂。王勃认为从楚辞开始,文学创作便向追求形式的方向发展了,到了齐梁时期变得越发严重,导致"周公孔氏之教,存之而不行于代"[1],很显然在王勃看来周公、孔子的教化思想是最为重要的。王勃的这种主张,容易让人产生一种误解,似乎他仅是重视文章所承载的政教思想,而不太看重形式之美。其实不然,杨炯曾为王勃的文集作序,在序言中他对王勃的思想进行了全面的梳理,在他看来王勃既崇尚"风骨""刚健"之美,同时也不决然地反对绮丽的形式美,用他的原话来说就是"刚而能润,雕而不碎"[2]。一定意义上,王勃的主张便代表了初唐四杰的总体倾向,所以后来杜甫在《戏为六绝句》中将四人放在一起讨论,并不吝赞美之词地将他们比作万古长流的浩荡江水,其服膺之情可见一斑。

---

[1] (唐)王勃:《上吏部裴侍郎启》,载何林天《重订新校王子安集》,山西人民出版社1990年版,第135页。

[2] (唐)杨炯:《王勃集序》,《杨炯集》,中华书局1980年版,第36页。

与四杰相似,陈子昂也是一位具有奠基意义的先觉者。在他看来,文章的流弊已经绵延很久了,汉魏诗歌的风雅传统并未被后世很好地承续,尤其到了齐梁时期,更是"彩丽竞繁,而兴寄都绝"①。那么什么是"兴寄"?简而言之,就是言之有物,寄托诗人对社会生活的真情实感,而不是仅仅局限于儿女情长。可以说,这种主张对于唐诗境界的拓展和开阔起到了非常重要的作用,如果勉强将齐梁诗风以"优美"比附的话,那么到了唐代则是一种十足的"壮美"气象了。

所以,初唐四杰及陈子昂为唐代文学审美观的形成起到了"导夫先路"(屈原《离骚》)的作用,他们开创的崇尚壮丽之美的审美风尚,在李白和杜甫的创作和诗论中得到了淋漓尽致的展现。李白和杜甫是唐代文学史上蔚为壮观的两座高峰,郭沫若认为他们是中国诗歌史上的双子星,还有人将他们比喻成天上的太阳和月亮。两人都生活在唐王朝最为强盛的时期,安史之乱以后,又同样经历了家国由盛而衰的巨大落差。有意思的是,两个看起来性情决然不同的诗人却能够惺惺相惜。史载在天宝三年(744)春夏之交,到天宝四年(745)秋,正值李白被玄宗"赐金放还"的时候,两人在洛阳相遇了,李

---

① (唐)陈子昂:《修竹篇序》,《陈子昂集》,中华书局1960年版,第15页。

第六章 立言与载道

白年长杜甫 11 岁，此时的杜甫还是一介布衣，在文坛上还没有名气。在不到两年的时间中，两人多次结伴出游，最终在同游山东之后，各奔东西。此后，两人终生并未再见，但彼此都十分惦念对方，尤其是杜甫，在杜甫现存的诗集中可以见到怀念李白的作品约有 20 首。尽管李白同类型的诗作仅有三四首的样子，而且其中不乏调侃杜甫之作，但结合李白的性情，以及可能存在的诗文散佚情况，可推知，他对杜甫的情感也是相当深厚的。这段文坛佳话，不仅是单纯的历史事件，某种意义上更类似一种文化事件，闻一多先生曾将两人的邂逅，看作如同孔子与老子的相遇（如果确有其事）般伟大，由此不难看出它对文化史的意义。

具体而言，李白与杜甫的相遇代表了盛唐气象中两种美学风格的愈合。安史之乱以前的时期是唐朝的极盛时期，王维曾在一首诗中用"九天阊阖开宫殿，万国衣冠拜冕旒"（王维《和贾至舍人早朝大明宫之作》），来形容作为当时世界政治、文化中心的唐王朝的盛况。某种程度上，李白诗歌的"俊逸豪放"之风，是可以与这种时代氛围相暗合的。说他的诗"俊逸"，是因为李白往往在诗歌中表现出一种崇尚清真、崇尚自然的"清水芙蓉"之美。"清水出芙蓉，天然去雕饰"（《经乱离后天恩流夜郎忆旧游书怀赠江夏韦太守良宰》），虽然是李白对一位朋友诗风的形容，但从中也透露出他自己的诗歌理想。在他看来，很多人的诗作是丧失了"天真""清真"的本性的，一方面是由于受齐梁以来形式主义文风的影响，另一方面则是有一些人一味地因袭前人，最终可能导致类似"丑女效颦"式的尴尬局面。所以，在李白自己的创作中往往以古风、歌行为主，以此来对抗当时逐渐盛行的格律化潮流。而且他的作品中也有很多拟古的作品，创作了很多乐府诗，但这些诗作已经跳出了汉乐府的固有框架，无论在内容上还是在形式上，都进行了较多的创新。由此，不难看出李白诗歌理想中崇尚清新自然的一面。除了清新俊逸之外，"豪放"似乎已经成为李白的标签。这一评价并非后来人的认识，杜甫就用"笔落惊风雨，诗成泣鬼神"（《寄李太白二十韵》）来形容李白的这种风格，那么李白"豪放"的根源是什么呢？对此，往往很多人想从李白的出身和血统中寻找问题的答案，这种方式固然会给我们带来启发，但也极容易陷入庸俗社会学研究的泥沼中。在合理地考察出身等问题之后，我们还应回到李白自己的理论言说之中。他并没有借助专门的理论文章来阐发自己的诗歌理论、美学倾向，这些观点往往散见于他的诗歌作品之中，这与杜甫有几分相似。李白在《庐山谣》一诗中虽然略带激情地说"我本楚狂人，凤歌笑孔丘"，但事实上他又并非如此绝对，在他的诗论中往往也表现出对风、骚传统的继承。比如他说"大雅久不作，吾衰竟谁陈""正声何微茫，哀怨起

第六章 立言与载道

骚人"(《古风·其一》),"大雅思文王,颂声久崩沦"(《古风·其三十五》),由此可以看出,李白是十分看重《诗经》和《楚辞》的传统的。而且在两种传统中,《诗经》影响了李白关心现实政治的一面,《楚辞》则对李白诗歌瑰丽的想象、情感的抒发产生了影响,后者甚至影响到他诗歌独特风格的形成。现实的寄托和夸张的想象在李白的诗歌中相得益彰,从而使他的诗歌表现出豪放不羁的特点。

如果说李白诗歌表现出的俊逸豪放,代表了盛唐诗歌的重要一维的话,那么杜甫诗歌的沉郁雄浑,则属于盛唐气象的另一个维度。对李白的豪放影响至深的是风、骚传统,对杜甫的诗风影响至深的则是风、雅传统。对现实的担当、对民生疾苦的同情构成了他诗歌的主要内容,这也是形成他沉郁雄浑诗风的主要原因。在杜甫看来,诗歌最重要的是要言之有物,而且风格要刚健有力,这一点与上文提到的"初唐四杰"和陈子昂的主张是相似的。《戏为六绝句》是他重要的理论性作品,并正式开创了以诗论诗的先河,后来逐渐成了文人进行理论言说的重要文体。虽然题为"戏为",实则态度相当认真,只不过是诗人的自谦而已。在这组诗中首先得到杜甫肯定的诗人是庾信。庾信何许人也?他最初是南北朝时期梁的重要文臣,是当时宫体诗的主要代表人物,诗风轻浮艳丽,以描写宫廷生活及女性姿态见长。42岁时,出使北朝,被迫长期滞留于此。

在杜甫看来，这样的生活经历使得"庾信文章老更成"（《戏为六绝句》），意思是庾信的诗歌既吸收了南朝诗歌的形式美，又借鉴了北朝诗歌的刚健风格，从而使其诗歌体现出了文质彬彬的特点。所以，在杜甫看来诗歌仅仅有"清词丽句"之美还不够彻底，须与"凌云健笔""鲸鱼碧海"相互映衬，才真正能体现出雄浑气象。

与这种倾向相一致，杜甫主张诗歌创作应该兼收并蓄，进行广泛的学习。先秦、两汉、魏晋，哪怕是齐梁诗风，都有可以借鉴的品质。此主张不仅仅局限在理论倡导层面，在他自己的作品中，我们既可以看到"朱门酒肉臭，路有冻死骨"（《自京赴奉先咏怀五百字》）的沉郁之作，也可以看到"白日放歌须纵酒，青春作伴好还乡"（《闻官军收河南河北》）的明快豪放之作；既可以感知他对齐梁文风的否定，也可以看到对"清新庾开府，俊逸鲍参军"（《春日忆李白》）的推崇，等等。总之，他善于从各种不同风格和气派的作家作品中汲取营养，形成自己多样而又统一的风格。

对于李白和杜甫，宋人严羽说"子美不能为太白之飘逸，太白不能为子美之沉郁"（《沧浪诗话》），试图对两人的不同风格进行区分，这话从比较的层面上看是有道理的，但似乎忽视了两者的异中之同。李白的飘逸带着豪放，杜甫的沉郁则蕴含雄浑，豪放与雄浑恰是那个时代普遍的美学追求。建功立业、积极向上是当时文人的普遍心态，只不过李白由于个性使然，表现得更为直接，而杜甫则逐渐将这种"小我"之追求，变成了一种对苍生之"大我"的追求。而且这一时期，普遍重视文学的经世致用之功，"文章千古事"的文学观念深入人心，李白不满意自己的作品仅仅充当帝王娱乐的调剂品，崇尚"蓬莱文章建安骨"（《宣州谢朓楼饯别校书叔云》），杜甫更是如此，尤其在安史之乱以后，其诗歌更加沉郁，关心民瘼成了他诗歌的主要内容。这也为中唐以后诗风向现实主义的转向起了示范作用。总之，豪放与雄浑、飘逸与沉郁、超脱与担当、个人与苍生，种种风格追求的多样统一形成了盛唐气象的基本内涵。

三　世间情怀

文学史上的"中唐"一般是指从唐代宗大历年间到唐文宗太和年间这个时段，大约有70年的时间。安史之乱以后，唐王朝由盛而衰，尽管李姓天下尚未易主，但整个国家的政治、经济、文化都受到了沉重打击。此种背景下，文人的精神风貌也发生了很大变化，由盛唐的昂扬奋发，变得老练持重、忧心忡忡。相应地，作为文人情感载体的文学作品自然也会格局大变，盛唐时期的浪漫主义文风，逐渐被现实主义文风取代，诗歌逐渐向揭露现实的种种弊端以及抒发个人失意之情的方向发展。中唐时期，这种诗风的代表人物包括李绅、张籍、王建、元稹、白居易等人，其中元稹、白居易的创作最具代表性，他们不仅在当时备受推崇，甚至在整个文学史上，对中唐诗风的形成也都起了至关重要的作用。所以，如果说盛唐时期，是以李白、杜甫为文化符号的话，那么到了中唐以后，白居易、元稹等具有现实情怀的诗人，则变成了一种新的文化符号。相应地，盛唐的豪放之美，也逐渐开始向世间烟火转移。

杜甫的诗歌中已经带有了十分明显的关注现实的味道，所以某种程度上，中唐诗风及审美倾向的转型，除了有社会层面的原因之外，还应充分考虑文学内在的脉络。元和年间，李白、杜甫在诗坛的地位已经确立，但在白居易和元稹等诗人眼中，若将两者相比较，他们则更推崇杜甫。在他们看来，杜甫的诗歌不仅形式与内容配合得当，文质彬彬，而且更为重要的是，杜诗往往有所寄托，关心现实疾苦。元稹在为杜甫撰写的墓志铭中提到，从尧舜到孔子，歌诗大多"有为而作"，其中的杰出代表就是《诗经》，但在此之后，后世文人或者仅限于抒发自己个人的喜怒哀乐，或者只为迎合帝王的喜好，诗歌的教化功能已经消失殆尽。所以，元稹认为杜甫出现以后，文坛积习获得纠正，"至于子美，盖所谓上薄风骚，下该沈宋，古傍苏李，气夺曹刘。掩颜谢之孤高，杂徐庾之流丽，尽得古今

第六章 立言与载道

之体势,而兼今人之所独专矣"①。这段话的大概意思是说,杜甫的诗风接近《国风》《离骚》,同时兼容沈佺期、宋之问的风格,取法苏武和李陵,气势超过曹植、刘琨,孤高盖过颜延之、谢灵运,并且兼具徐陵、庾信的流丽,完全吸收了古今各种体势,也兼备每个著名诗人独有的风格。由此,足见其对杜甫的敬服之情。

同样,在白居易的作品中,我们也经常可以看到他对杜甫的赞美,字里行间折射出深深的敬服之情。在他著名的《与元九书》中,向好友元稹也表达了类似的观点。他认为在唐建国的两百年间,出现的诗人不可胜数,其中居翘楚者,初唐首推陈子昂,盛唐则非李、杜莫属,但李白的作品是以才华和奇丽为主,而杜甫的诗作不但数量多、格律严明,而且冠绝古今、尽善尽美,所以他与元稹类似,推尊杜甫,认为其"过于李"。今天看来,白居易和元稹尊杜抑李的做法自然有待商榷,但从中不难看出杜甫的现实主义精神对中唐诗人的影响。而且元白诗风在中唐影响也很大,甚至有所谓的"元白诗体"之说,他们对杜诗的推崇,足见杜甫及其诗歌思想在当时受欢迎的程度。

---

① (唐)元稹:《唐故工部员外郎杜君墓系铭并序》,《元稹集》,中华书局1980年版,第601页。

必须承认，白居易、元稹作为中唐诗坛的代表人物，他们创作的诗歌类型是十分多样的。以白居易为例，他的诗歌总体上包括"讽喻诗""闲适诗""感伤诗"和"杂律诗"四大类。在他看来，前两者是有价值的，而后两者则价值不大，甚至曾极端性地想将它们移出自己的文集。但一个很有意思的现象，恰恰是后一类型的作品最为人们所推崇，我们熟知的《长恨歌》，便属于感伤诗的范畴。从白居易个人的角度来说，他最为推崇的当然是"讽喻诗"。在这一点上，元稹与白居易表现出出奇的一致性，两人在很多互相来往的书信中都曾表现出对这类诗歌的推崇，并且认为"讽喻诗"的最典型代表便是"新题乐府"。

什么是"新题乐府"呢？乐府，本是汉代创立的采诗机构，最初设立的目的是为政府提供借鉴，用以参考治理得失。后来，其所采的民间诗歌开始受到青睐，并逐渐文人化，最终变成一种特殊的"乐府诗体"。由于这种诗体鲜明的民间色彩，所以它往往是社会政治情况和风俗情况的晴雨表，在汉代乃至后世备受推崇。到了唐代，杜甫为复兴这种文体作了突出贡献，但与传统乐府诗不同的是，杜甫往往自创新题，用于针砭时弊，反映民生疾苦，而且在形式上有时也可不受音乐的限制。这种诗体到了中唐开始蔚为壮观，集大成者便是白居易和元稹，"新题乐府"也成了它们讽喻现实的最主要手段。在他

第六章 立言与载道

们看来，诗歌的最主要功能就是讽喻，它不但要疏导人的郁闷情绪，更要对时政有所帮助。因此，白居易在为自己的《新乐府》诗集作序时，明确提到诗歌应该"为君、为臣、为民、为物、为事而作，不为文而作也"①，就是说诗歌创作应该体现出对现实的关怀，要对社会有所助益，而不能单纯地以考虑文采为主。用今天的观点来看，白居易否定的是"为艺术而艺术"的艺术观，文章"立言"的目的是"载道"。与此相类似的言论还包括"文章合为时而著，歌诗合为事而作"（《与元九书》），"篇篇无空文，句句必尽规……惟歌生民病，愿得天子知"（《寄唐生》）等，从这些句子中不难看出白居易鲜明的现实主义创作倾向。

元稹在讽喻诗方面，不但创作了很多新题乐府，还热衷于改造古题乐府，就是以旧瓶装新酒的方式，用古题来反映现实内容。元稹有《乐府古题》十九首，在这些诗作的序言中，他表达了自己的观点，认为历代作乐府诗者，往往沿用固有的题材、意旨进行创作，导致陈陈相因、生气全无，只有少数诗人，比如杜甫，能在古题中寄寓新意，对现实社会进行"美刺"。元稹对旧题乐府的改造，不但充实了讽喻诗的内容，

---

① （唐）白居易：《新乐府序》，《白居易集》卷三，中华书局1999年版，第52页。

也使乐府古题在新的时代焕发了生机，并且他也有与白居易等人崇尚的新题乐府一较高下的动机。正是在这种互相学习、互相激励的良好风气影响下，白居易、元稹使中唐文学的"载道"功能发展到了新的高度，同时也使得文学的现实指向性更为突出。

四　文以载道

中唐时期的文坛在唐代文学史上呈现出异彩纷呈的特点。社会的剧烈转型，为文人的多元化取向奠定了基础。诗歌方面，出现了像白居易、元稹这样具有现实情怀的诗人；文章方面，以韩愈、柳宗元为代表的古文运动的倡导者，则大量地进行古文创作，并将之推向了新的高度，进而为宋代文学的发展做了必要的准备。

就韩柳古文的实质来讲，与白居易、元稹的讽喻诗并无本质的区别，都是强调文学与现实的关系。但需要指出的是，促使中唐古文复兴的原因却更为复杂。除了一再强调的社会原因之外，亦是时代思想发展的必然。这一思想背景便是儒学在中唐时期的重振。一般我们认为先秦儒家思想构成了原始儒学；到了汉代，受到阴阳五行的干预，汉代儒学表现为"天人之学"；到了魏晋，玄学以其内儒外道的特征，又形成了儒学的

第六章 立言与载道

新形态。唐代儒学，便是在反驳、反思两汉、魏晋儒学的基础上发展起来的，其代表人物如王通、李翱、韩愈、柳宗元等。下面主要围绕韩愈和柳宗元的思想对这一潮流进行介绍。在柳宗元看来，汉代的天人之学过于神秘，是将先秦儒学推崇的日常伦理道德进行了不切实际的提升，甚至上升到了"天"的高度，这种神秘化色彩恰恰与儒家的基本立足点背道而驰。他说："圣人之道，不穷异以为神，不引天以为高，故孔子不语怪与神。"[①] 就是说汉代儒学与"不语怪力乱神"的儒家传统思想是背道而驰的。对魏晋玄学，柳宗元认为它对礼教的否定，是不符合儒家道德的，而且当时文人普遍追求自我的快乐以及祈求长生不老，这更与原始儒学的观念相反。所以，在柳宗元看来，原始儒学所宣扬的伦理道德规范，是最具合理性的行为法则，也是维持社会健康发展的重要保障。

对唐代儒学发展起到关键作用的还有韩愈。韩愈的立足点与柳宗元基本相似，但它的否定对象主要集中在唐代十分盛行的佛老思想上。我们知道，唐代是儒释道同时并存，并获得充分发展的时期。但实际上，儒家思想到了中唐时期已经渐渐沦为潜在的思想指导，佛教、道教反而在社会中大行其道，各种

[①] （唐）柳宗元：《非国语·料民》，《柳宗元集》卷四十四，中国书店2000年版，第646页。

法会、道场充斥着人们的视听领域。此种背景下，韩愈率先表达了他的担忧，在他看来佛老思想的盛行恰是社会伦理道德衰败的表现，甚至他不无极端地称佛教教义为"夷狄之法"，是对"先王之教"的践踏。正是在这种思想的指导下，他对君主进行了尖锐的劝诫，当然这也导致了其自身的不幸。在我们熟悉的《左迁至蓝关示侄孙湘》一诗中"一封朝奏九重天，夕贬潮阳路八千。欲为圣明除弊事，肯将衰朽惜残年"，说的正是韩愈因上书《谏迎佛骨表》，触怒皇帝，惨遭流放的不幸遭遇。

所以，韩愈、柳宗元提倡"古文"的深层动机是对传统儒家道统的恢复，文章在他们看来恰是达到这一目的的重要手段。这里需要说明的是，其实韩愈与柳宗元的文风是有很大区别的，韩愈的诗文追求雄奇之美，尚奇好怪，而柳宗元的诗文风格则外淡内深，说理性强。但两人的文学观点却是殊途同归的，他们都主张"文道合一""以文明道"，反对无病呻吟的浮华文风。在韩愈看来，承载儒家道统的是上古三代之文，以及先秦时代的圣人话语，他认为这是做学问、写文章的根本，只有根实才能叶茂。因此，韩愈十分强调儒家道统对诗人创作的重要性，一方面，通过取法经典可以加强诗人的道德修养，而良好的道德修养又是优秀文章的根本，在《答李翊书》中他说"仁义之人，其言蔼如也"，说的就是这个道理；另一方

第六章 立言与载道

面,取法儒家经典还会使文章的文辞优美,因为圣人的言语都是经过千锤百炼而形成的,通过向圣人的文章取经,自己就可以创作宏文巨制,所以他说"辞不足不可以为文"。在这个方面,柳宗元与韩愈是相似的,他更加具体地规定了应该学习的儒家经典[①],认为《诗》《书》《礼》《易》《乐》《春秋》都各有优点,它们是"取道之源",是后世文章的基本雏形。

参照儒家经典的目的,并非仅仅是加强自身修养,以及锻炼文辞,深层目的是重振儒家道德,因此,韩愈、柳宗元进行古文创作的深层动机是"明道"。韩愈主张"修其辞以明其道"(《争臣论》),柳宗元更是明确指出"文者以明道"(《答韦中立论师道书》)。实际上"明道"的目的是"明礼",即恢复理想的社会秩序。这里必须澄清一个误区,就是当我们看到"文以明道""文以载道"这样的表述时,往往简单地将之理解为"文学为政治服务",将"道"的内涵单纯地看成是"政治"。其实这种理解是十分狭隘的,也并非中国古代文人,尤其是韩愈、柳宗元的本意。这里的"道"实际上是指儒家道统,其核心是仁义道德,而外在的载体则是礼仪规范。不得不承认,在中国历史上儒释道三家思想中,儒家思想的确与政

[①] (唐)柳宗元:《答韦中立论师道书》,《柳宗元集》卷三十四,中国书店2000年版,第455页。

治的关系最为密切，因此它所依赖的道统也必然与政治发生关联，甚至在一些时期这种联系会变得十分明显。实际上这种联系具有双重性，即道统既可以成为政治的助推器，也可以成为颠覆政治的工具。以这种眼光重新审视"文以载道"这一命题，便会发现其实它是一种带有中性色彩的文学价值观，文学是承载道统的媒介，当一个社会的道德、政治与道统一致时，文学所起的作用就是正面的，而当社会的道德、政治与道统的要求相悖时，文学的作用便是批判和颠覆。客观上说，在中国文学史上文学与政治之间的一致性，相较于文学对政治的颠覆，还是占多数情况，所以才导致我们单纯地将"文以载道"理解为"文学为政治服务"。

概而言之，中唐时期以韩愈、柳宗元为代表的"文以明道"思想，本质上与儒学的重振和复兴有关，其深层动机是有社会责任感的文人想借此来扶危救困，因此，这一文学观念是作为社会现状和思想觉醒的副产品出现的。然而即便如此，也不能忽视其在文学史乃至美学史上的积极意义，韩柳古文运动对后世产生了深远影响，特别在宋代，出现了欧阳修、苏洵、苏轼、苏辙、王安石、曾巩，他们与韩、柳一起史称"唐宋八大家"。虽然八人的文风有很大差异，但宗旨却是一致的，而且若从"明道"的角度考察唐宋以后的文学史，我们会发现此起彼伏的复古与革新的文学潮流，就其实质而言，

第六章 立言与载道

都是可以囊括在这一总体框架之下的。同时，在思想领域，以周敦颐、二程、朱熹为代表的宋代理学，作为一种理论体系更加圆融的儒学新形态，也在韩、柳的基础上明确提出了"文以载道"的思想，这也预示着儒家道统观的最终形成，并且宋代理学也逐渐变成了一种国家的意识形态。相应地，"文"与"道"的关系也变得越发明朗起来。因此，从《文心雕龙》提到的"原道"，到韩愈、柳宗元的"明道"，再到后来理学家的"载道"，"文"与"道"的关系不断确立，逐渐成了一种基本的文化共识。在文学领域，它也促使了功利主义文艺观的根深蒂固，并在儒家道统观的庇护之下，这种观念最终变成了一种集体无意识。

第七章　意象与韵味

　　把握中华美学精神，需要对传统艺术有较为深入的了解。中华传统艺术有其独特的审美思维和精神特质，"意象"是传统艺术的基本存在方式，同时，它也是一个富有中华文化特征的美学范畴。"象"与"物"既有联系，又有区别。儒家"立象以尽意"，道家"得意而忘象"，这是有关"意象"的两个核心命题，也是"意象"的文化根源。"意象"具有心物感应、情景交融、虚实相生的特征。"意象"还富有韵味，引人玩味，这也是其审美价值所在。

一　象与意

1. 象与物

　　"象"是中华民族早期的一种思维方式，在《周易》《道德经》等先秦典籍中经常露面。"象"不等于"物"，它高于

第七章　意象与韵味

现实之物。它不是对物体的简单再现，而是事物通过内心呈现出来的样子。如果说，物属于物理世界，那么，"象"属于知觉世界，因为它离不开意识的作用。与现实之物相比，"象"带有明显的心理成分，更符合精神活动的特征，因而在文化交流中的作用更大。"象"不是凭空想象的产物，它是知觉对"物"的显现，或者说，"象"是人对现实之物的外在形相及其内在意义的揭示。人们在观照事物时，多少都会带有个体的体验，这样，从"物"转化为"象"，其非实体性的特征逐渐彰显了出来。"物"是"象"的基础和前提，"象"是"物"的提炼与升华，后者的文化价值高于前者。无论"象"以何种样态出现，它都离不开现实之物，或是对"物"的模拟，或是对"物"的加工想象。总之，"象"不等于"物"，却与"物"有着密不可分的关系。

清代章学诚《文史通义》把"象"分为两大类型："天地自然之象""人心营构之象"。严格地说，"天地自然之象"不是现实之物，它是效仿现实之物的结果，《周易》中的很多卦象就属于这种类型，而且带有极其明显的仿效特征。章学诚所说的"人心营构之象"，也就是"心象"，它与我们将要谈到的"意象"更接近，它是意识所使，意念所成。"意象"属于"心象"，而"心象"都具有一定的心理色彩，具有某种直观性和感性特征，但不管怎么说，"心象"还是源于人对现实之物的感知，以及在此基础上而展开的加工与想象等活动。"心象"不能完全脱离现实之物，"意象"也同样不能远离现实生活。"心象"的生成基于意识的变化，意识的变化由于人与世界交往过程中发生的感应关系。从根源上讲，"心象"源于世界，立足现实。中华美学中的意象创造，也遵循以上存在规则。

2. 立象以尽意

作为中华美学的基本范畴，"意象"的思想源头在儒家和道家，《周易》和老庄哲学是审美意象的两大源头。按照《周易》的说法，上古先贤仰观俯察，探究天下之赜，拟诸形容，观物取象，于是制作成各种卦象，"象其物宜"，效法天地。如果《周易》主要体现的是儒家的观点，那么，"意象"最突出的特征在于，它是对现实事物的模仿或模拟。这是"意象"的来源，也是它的基本功能。

《周易》的"观物取象"奠定了"意象"的理论基础，它在把握"言"与"意"关系的基础上，充分肯定了"象"的作用。一方面，先贤已经认识到"书不尽言，言不尽意"（《周易·系辞上》），这表明，任何媒介和载体都存在局限性，都只能发挥有限的作用；另一方面，儒家又为化解"言"与"意"之间的表达困境提供了一种可行的方法，这就是"圣人立象以尽意"。这里的"象"原指模仿现实事物而制作的卦象，然而，它也包括意象这层含义。"立象以尽意"，这是儒家在审美意象方面的核心命题。它肯定象有表情达意的功能，又交代立象的目的在于表达内在的意义。可见，象起着尽意的作用，成为艺术创造的根本法则。

在刘勰的《文心雕龙》中，作为审美范畴的"意象"正式出场："独照之匠，窥意象而运斤；此盖驭文之首术，谋篇之大端。"意象与文章构思、谋篇布局有关，它是心物交融的产物。可见，刘勰已经在肯定的意义上使用"意象"，而且，它与神思有着紧密的联系。这是为审美意象争取合法的地位，此后，随着传统艺术的发展以及艺术论的发达，意象的美学地位越来越高，受到了理论家的广泛关注，如王昌龄有"诗有三格说"、严羽有"兴趣说"，尤其是到了明清时期，出现了很多对意象理论作过重大贡献的学者，如王夫之有"情景交融说"、叶燮提出"理、事、情理论"，他们阐述具体审美领域的意象形态、表现特征、理论内涵，进一步丰富了意象理论。

3. 得意而忘象

道家哲学是审美意象理论的另一思想源头。在对待"言""意""象"的关系上，道家有着不同于儒家的看法。"象"与"道"的密切关系在老子这里已有多次论及，不过，老子反复强调的，是"道"对于"象"的超越性。与难以言说的道相比，"象"的地位和层次低级得多。老子论"道"，常以

"大象"拟之,在"象"与"道"之间,老子无疑站在"道"这一边,事实上,体道与后世道家所说的得意是相通的。庄子丰富并发展了老子的思想。庄子认为,"象"与语言的表述方式有关。"象"由语言组成,语言方式的变化影响着象的表达效果。以《庄子》文本而言,它并非庄严之语,也不是史家之笔,更非经学家注解,它不以直言见长,而是以荒唐谬悠、变化多端的意象揭示人间真相,表达对社会人生的思考,漫无边际、难以捉摸,《庄子》以"卮言""重言"和"寓言"进行言说,名不虚传。

庄子并非否定语言的表达功能,因为语言可以描述事物的表象,而处于事物深层的真相是超越语言逻辑,远离形相描述的,因此,语言表达功能的局限性就越发突出了。把握事物深层的道理或真意是目标,而揭示这种深层道理或真意的语言或"意象"则是工具式的存在,它们的作用是有限的。庄子学派多次提到这一点。《庄子·外物》:"筌者所以在鱼,得鱼而忘筌;蹄者所以在兔,得兔而忘蹄;言者所以在意,得意而忘言。"这段话以"筌"与"鱼"、"蹄"与"兔"的本末关系揭示"言"与"意"的双重分析。语言表达与其表达的真理有本末、主次、体用之分。语言运用的目的是表意,可是,深层的意涵或真理却是日常语言难以传达的,这同样展现出那种难以化解的表达困境。在道家看来,"言""象""意"都服从体道的要求，在具体的语言环境下，三者的地位和作为却是不同的。一分为三，"言"为用，"意"为体，"象"为中介。不可执定语言，也不可执着"象"，而应以得"意"为旨归。

魏晋时期，玄学之风盛行，王弼在注解《周易》时，提出了"言""象""意"三位一体的层级结构。王弼指出，"象"的作用在于出"意"，"言"的作用在于明"象"，"象"是最佳的尽"意"方式，"言"是最佳的尽"象"方式。"象"从"言"生，"象"以"言"著。"意"从"象"生，"意"以"象"尽。因此，"言者所以明象，得象而忘言；象者所以存意，得意而忘象"。这段话深化了道家哲学对"意"与"象"关系的探讨。它有"意象"的某些内涵，却更多地融入了道家的"象论"。与儒家强调"象"的积极作用不同，道家以更加清醒的态度指出，媒介或载体的地位不应高估，"忘"是一种妙契天成的境界，语言超越存在的局限，使富有价值的世界得以敞亮。

二　意象之美

根据中华美学对意象的规定，结合传统艺术的基本情况，可以把意象的审美特征归纳为心物感应、情景交融、虚实相生三个层面。

1. 心物感应

中华美学具有深远的感应论传统。儒家认为,生活世界变动不居,生命运动生生不息,大至宇宙造化,小至生命化育,都是阴阳摩荡、相互交感的结果。《周易》有"咸"卦,就是感应之卦,乾下坤上、柔上刚下、阴阳交感、贞吉成象,万物生成化育尽显此理。宇宙的运动、世界的变化、万物的存在,都是阴阳交感的产物。从先秦儒家到董仲舒,再到宋明理学,都很重视人与外物的彼此应和。天地交感、阴阳通气、万物成形,"意象"生成也遵循这种感应的规律。

艺术创造离不开"感兴",而"感兴"的发生源于现实事物或外界事件的触动,在心灵与外物的契合下,艺术创造得以进行、"意象"得以生成,这是心物感应的结果。审美活动是人与世界、人与他者、人与人、人与自身的精神交流和情感对话。儒家特别强调艺术家与世界的感应关系,对音乐缘起的看法是这方面的代表。《乐记·乐本》:"乐者,音之所由生也;其本在人心之感于物也。"这是说,人们介入世界的过程中,心灵因外物的触引而发生感动,这是音乐创造的前提。感物而动,声声相应,生成音乐。魏晋以来的艺术论中,像这样的看法极其普遍。气之动物,物之感人,使人性情摇荡,这时,心中的志趣、情绪、体验需要通过一定的艺术形态传达出来。无论是诗词歌赋,还是音乐舞蹈,其美感都源于外界的变化,如时序变更、季节转换、阴阳惨舒、物色感动。情以物迁、辞以情发、秋风瑟瑟、落木摇曳，引发楚客之悲秋。在生活世界，到处都有感人之物、动人之事，艺术家把它们描述出来、形容出来，或化为声音图像，或化为文字话语，于是就有了包含体验和情感的意象。

"意象"源于艺术家与外物的相互感应。艺术家契合着阴阳变换的节奏、伴随着四时更替的律动、顺应物色的召唤，心有所动、情有所牵，经营"意象"纷纭的美感世界。现实生活中的具体事物，以及特定的人伦情理，既是引发感兴的因素，也是"意象"生成的基础。"意象"是美感的产物，它具有一定的独创性。艺术家凭"兴"而作、任"兴"而行、依乎性情、师法造化，"意象"必然有可观处。"感兴"是艺术创造的直接动因，心物感应是生成"意象"的现实条件。"意象"是艺术家创造力的展现，又以一定的事物为依据，美的"意象"有突出的个性，是心物感应的产物。

2. 情景交融

"意象"是"感兴"的产物，而"感兴"的触发伴随着情感的变迁，"感兴"的物化始终渗透着情感的表达，因此，"意象"从其结构而言，具有情景交融的特征。"景"是艺术创造的素材，"情"是艺术家的情感体验，"景"是"情"的触发剂，"情"是"景"的引导者。情与景合，情景交融，

"意象"方生。烟云泉石、花鸟苔林,景不自成,有情则灵。

这种情景交融的审美关系,也是中华美学的优良传统。情景相契,佳作天成,情景相背,意象乖离。这是中华美学的普遍看法。艺术家观照世界,外物变迁则体验不同,相应地,心境不同也会影响对外物的感知,所谓情景交融,是使内外合一,出入无间。具体的景物、场景为观照提供了素材,为"感兴"奠定了基础,情感的浇灌、情绪的流溢使种子发芽,情景交融,使景中生情,情中含景,景者情之景,情者景之情。艺术家素养有高低,个性有差异,其意象差别显然。情融于内而深长,景耀于外而远大。这是中华传统艺术意象营造的基本方式,神龙变化,微妙莫测,唯李杜能办。情景交融,意趣无穷。

唐代以前,已经出现关于情景交融的表述,不过,真正重视并把情景交融的理想付诸实践的,则以盛唐诗人为代表。王昌龄主张"情景相兼",要求诗歌物色与意兴兼得,无论是"景入理势",还是"理入景势",都须景理相惬,这就是情景交融的诗学观。与此相应,杜甫、王维等人则是盛唐情景交融的诗人代表。王维在辋川建造别业,有孟城坳、华子冈、文杏馆、斤竹岭、鹿柴、木兰柴、茱萸沜、临湖亭、竹里馆、辛夷坞等景观二十多处。写过很多与此相关的诗歌,多是情景交融之作。表面看来是在写景,细致品味,却是处处含情。王维诗:"空山

第七章 意象与韵味

不见人,但闻人语响。返景入深林,复照青苔上。"(王维《鹿柴》)这是一首描绘辋川景色的小诗,其中的意象很简单,表达意象的方式却很奇特,它不是单纯的写景,而是在写景的过程中寄托着幽寂的微妙体验,是情景交融之作。山水诗到了王维这里,写景变得更内在化,融入了更多的情感体验。

在"意象"的内在结构中,情与景很难截然分开。沈祥龙论词:"词虽浓丽而乏趣味者,以其但知作情景两分语,不知作景中有情、情中有景语耳。'雨打梨花深闭门','落红万点愁如海',皆情景双绘,故称好句而趣味无穷。"[1] 浓丽不是作词的终极目标,不以珠光宝气为美。浓妆淡抹总相宜,方是词之正体。不过分雕琢,不刻意涂抹,自然得体,神韵天成。词之要妙,在于心物交会,情景交融,当下即是,自然高妙。王夫之也说:"情景名为二,而实不可离。神于诗者,妙合无垠。巧者则有情中景,景中情。"[2] 景以情合,情以景生,情景相依,唯意所适。假如把情与景分离出来,就会导致情非其情,景非其景,本来完美的意象,将会如同七宝楼台,拆散不成片断,炫人眼目而已。情景交融,方有佳作,不能作景语,

---

[1] (清)沈祥龙:《论词随笔》《词须情景双绘》,唐圭璋编《词话丛编》,中华书局1986年版,第5册,第4056页。
[2] (明)王夫之:《姜斋诗话》,船山全书编辑委员会校编《船山全书》,岳麓书社1996年版,第15册,第824页。

怎能作情语？上古绝唱多景语，如"高台多悲风""池塘生春草""明月照积雪"等句，都写平常景物，却是心目融洽，与景相迎，情寓景中，珠圆玉润。因景生情，即景会心，自然高妙。"长河落日圆"，初无定景，"隔水问樵夫"，初非想得，用王夫之的话说，这就是禅家所谓的"现量"。

"现量"本是佛教法相宗的一个概念，王夫之对其审美意蕴有所揭示："现者，有现在义，有现成义，有显现真实义。现在，不缘过去作影。现成，一触即觉，不假思量计较。显现真实，乃彼之体性本自如此，显现无疑，不参虚妄。"① "现量"是法相宗的"心识三量"之一，其他两量分别是"比量""非量"。"比量"是由推理得出的结论，"非量"则是谬误的量知。知识是"比量"，证悟是"现量"。"现量"不假推寻，不渗入概念活动，超越分别思维，远离筹度推求。中华美学把这种"现量"引入审美活动中，以直觉量知事物的方式体证万物、观照世界、感知事物的真相，领略事物根本的奥秘。"现量"当下即是，却又真实无妄，艺术创造的意象也是须臾间的灵思妙悟，妙手偶得，具有触及即真的意趣。艺术家把玩现在，感悟存在，心物契合，从而敞开一个真实可感而又意味

---

① （明）王夫之：《姜斋诗话》，船山全书编辑委员会校编《船山全书》，岳麓书社1996年版，第15册，第536页。

深永的意象世界。

3. 虚实相生

"虚实相生",是"意象"的又一审美特征。这个特征也有类似的说法,如不落有无、似与不似之间,等等。"意象"的这种特征主要是指其审美形式而言的。在艺术中,"实"经常是指显在的"意象"形式,"虚"是指简易省略的语言文风或空间布局处理。中华美学要求,"意象"是"虚"和"实"的统一,而不能只有"虚",也不能只有"实"。"虚"不是虚无,它是深层意义的有效表达途径;"实"不是确定不变的形式,也不是客观写实的形似。实者虚之,虚者实之,虚实相生,有无之际,经常成为衡量意象的基本尺度。化情思为景物,化景物为情思,也与虚实相生的审美传统有关。"意象"即意中之象,它源于现实之物,却是"胸中之竹",虽非实体,却非虚无。

气化哲学认为,万物由"气"而成,"气"是事物的本源,要表写事物的真相,就得使意象生气活泼、气韵生动。气化流行,氤氲磅礴,成就天地之至文。风云雷电,气象变化,微妙莫测,不见端倪,此为天地之至文,无愧于神化之笔。云气姿态万千,色泽形相各异,却都是自然之文。气有实在性的一面,又有虚幻不定的一面,因此,中华美学特别注重生命元气的传达,不仅提出了诸如"气势""气象""气韵""生气"

等概念，而且对"意象"的创造提出了很高的要求。艺术家具有神圣的使命，要表写宇宙之间的混成气象，要传达天地万物之情状。

尽管"意象"的生成遵循一定的规则，然而，不能片面地理解"意象"的特征。它们丰富多样，个性独特，既源于现实事物，又超越名理逻辑。"意象"既有所本，却不是以单一的方式存在的，而经常以不确定的方式存在，这种非确定性成为"意象"美感的重要基础。任何"意象"或形式都是有限的，它以特定的形相或形式表达更为深层的意味。基于"意象"表达的非确定性，那些不可言说之理、不可叙述之事，不能直白表达，也不可晦涩抽象，要能以眼前的形式，引起超越形式表层的妙悟，使之灿然呈现在读者眼前。中唐以来，艺术家尤其重视在虚实有无之际做文章。不少美学家认为，艺术的极致，妙在含蓄无垠，思致微渺，其寄托在可言不可言之间，其旨归在可解不可解之际，也就是说，"意象"妙在言在此而意在彼，泯端倪而离形象，绝议论而穷思维，把读者引入"冥漠恍惚之境"。类似的说法很多，它们都强调意象超越名言理路，发挥含蓄蕴藉的特性。意象不循名言理路，那是科学逻辑的推理，不符合审美活动的特性，意象也不能模仿玄学的路数，那样只会使意象陷入枯燥乏味的泥潭而无法自拔。

在虚实之间寻求"意象"的真意，成就了艺术美感的丰富性。例如,杜甫有"碧瓦初寒外"句,它的妙处就在虚实相生。对此,叶燮有精妙的评论。他说,初寒本是难言之物,岂可界分内外?难道碧瓦之外,就没有初寒吗?按照常理,寒气充塞天地,为何碧瓦独在其外?为何寒气独踞于碧瓦之内?诗句写的是初寒,请问初寒与严寒差异几何?初寒无象无形,碧瓦却是物质存在,二者组合,合虚实而分内外,这到底是写碧瓦,还是写初寒?到底是写近景,还是写远景?(《玄元皇帝庙》)对于这样微妙的诗句,是很难以常理和实事验证的,因为它的妙处就在造成一定的不确定性,从而使这首诗的美感丰富起来,其意不可实解,只可意会。读者设身处地,感觉诗句中的情景恍如天造地设,"呈于象,感于目,会于心"。碧瓦为实象,初寒为虚象,主次结合,内外相契,有无互补,理事俱得。在杜诗中,这样的美感丰富的表达还有很多,如"月傍九霄多"(《宿左省》)、"晨钟云外湿"(《夔州雨湿不得上岸》)、"高城秋自落"(《摩诃池泛舟》),都属意趣微妙之句,非神契妙悟理事者莫能办。按照日常生活的逻辑或科学求证的态度,这样的诗句于理何通,于事何有?可是,从中华美学的立场看,其自有优胜处。这种虚实相互的意象,具有非确定性,不能以情景交融概括,它富有一定的意味。

实有实的作用,虚有虚的妙处。虚实相生,不是在二者之间画等号,而是强调破除对实象的执着,提倡更高意义上的真实，于是，把意象的创造引入微妙难言的境地。皎然把"但见性情，不睹文字"作为诗道极致，司空图推崇"不著一字，尽得风流"的表达，与戴叔伦"蓝田日暖，良玉生烟"颇有神会。后来，严羽、王廷相、王士禛等更加不遗余力地宣扬水月镜花般的美感。严羽把理想的诗歌美感规定为"空中之音、相中之色、水中之月、镜中之象"（《沧浪诗话·诗辨》），淡化笔墨迹象，使之浑然天成，"透彻玲珑，不可凑泊"。叶燮的表述不同，但基本意思接近。他说："惟不可名言之理，不可施见之事，不可径达之情，则幽渺以为理，想象以为事，惝恍以为情，方为理至、事至、情至之语。"（《原诗·内编下》）这段话就是强调意象的独特性，是其诗歌审美理想的体现。

中华传统艺术追求意象的玲珑剔透，不喜沾滞事实，把玩水月镜花般的迷离意象。话语征实便缺少余味，情感直截则难以动人，因此，诗歌要以意象感人。意象不是实证的对象，也不是抽象的概念，它离不开诗人独特的审美体验。李东阳说诗"贵情思而轻事实"，杨慎认为诗不可"兼史"（《怀麓堂诗话》），都含有警惕意象实在化的倾向。王士禛论作诗之道，拈出"神韵"之说，也是对意象美感非确定性的规定。"镜中之像，水中之月，相中之色；羚羊挂角，无迹可求，此兴会也。"（《带经堂诗话》卷三）按照他的理解，神韵接应是

"不著一字,尽得风流"这样的诗句,还是要在盛唐诗人李白、孟浩然那里去寻得。"常读远公传,永怀尘外踪。东林不可见,日暮空闻钟。"(《晚泊浔阳望庐山》)此为孟浩然诗句。羚羊挂角,无迹可求,色相俱空,情怀超逸,悠然呈现。难怪沈德潜《唐诗别裁集》称为"天籁",悠然神远,一片空灵。

三 妙处玲珑

本节介绍意象韵味无穷的特征,这是意象在美感方面的较高要求,"澄怀味象"则与对意象的欣赏有关。

1. 韵味无穷

"意象"在美感方面形成了独特的审美诉求,那就是对韵味的推重。这种审美诉求经历了一个发展过程。"韵"在中华审美领域出现得较早。最初,"韵文"是以区别于散文的形态出场的,它作为一种有韵律节奏的文体而存在,有时,"韵文"也指用这种文体写成的诗词歌赋。"韵文"是和谐而有节奏的和美之音。后来,除了和谐悦耳的声音外,"韵"的含义还涉及风度、气质、情趣,成为魏晋人物品评的重要标准。在艺术批评领域,谢赫把气韵生动作为绘画"六法"之首,主要指向作品的精神,偏向"气"的层面。唐代谈"韵"者不多,五代时,荆浩把"气"与"韵"分开,并在人物品评的基础上，把"韵"规定为"隐迹立形，备遗不俗"（《笔法记》），再次强化艺术家的超逸性情，使"韵"的含义逐渐明朗，并发展成为美的别称。

与"韵"相关的"味"也有语义转化的过程。它源于饮食带来的味觉感受，《说文解字》总结为"羊大为美"的经验，经过老子"味无味"（《道德经·第三十五章》）、"道之出口，淡乎其味"（《道德经·第三十六章》）的提升，从生理快感逐渐发展成为一种美感。南北朝时期，"味"从强调艺术的内在意蕴转向对艺术内在意蕴的体味。宗炳《画山水序》讲"澄怀味象"，主张以澄明的心境观照物象。陆机《文赋》、刘勰《文心雕龙》都以"味"言诗，钟嵘《诗品序》以"滋味"作为对诗歌的审美要求。到了晚唐，司空图把道家平淡自然的理想与禅宗推重体验的哲学结合起来，主张可感而不可言传的"韵外之致""味外之味"，得到了苏轼、董其昌等的呼应，并成为文人艺术的重要审美传统。

"韵味"作为美学概念的正式形成是在北宋时期。从谢赫的"气韵生动"，到北宋以"韵"为尚，韵味内部有一个语义重心转移的现象，即从"气"逐渐转向"韵"。大致而言，六朝到唐代的"韵味"主要以"气韵"为上，北宋以来的"韵味"则偏重艺术的内在精神。从苏轼、黄庭坚到范温，无不沿着这样的思路前进。苏轼称赞米芾行书有高韵，黄庭坚以韵论

第七章　意象与韵味

诗书画，并对其内涵有所规定。同时，黄庭坚还践行他"凡书画当观韵"的理想，其书法向往魏晋间人，语少意密，风度潇洒。黄庭坚论书重韵，因而很乐意晁补之称赞他的书法唯以韵胜。刘熙载很赞同黄庭坚以"韵"论书的做法，认为俗气未脱者，不足以言韵。艺术家超然世情，不受物牵，艺术方有韵味。艺术在韵不在工拙，有韵故不俗，自成高致，工而无韵，此病难医。韵与俗对，胸中藏万卷书，笔下无尘俗气，便是有韵之作。北宋书法多重瘦劲，杜绝肥腻，批判尘俗气和市侩气。清初傅山说，书法"宁拙毋巧""宁丑勿媚"，也是在追求书法意象的韵味。大巧若拙，意味深永，平淡出天真，妙在笔墨外。

范温是黄庭坚弟子，他认为美到极致，便是有韵，不以韵胜，不足为美，"有余意谓之韵"（《潜溪诗眼》）。他推进了"韵"与"美"的结合，丰富了韵味的内涵。平澹简易有韵，"深远无穷之味"（《潜溪诗眼》）也有韵。中华美学从来都没有把"韵"这个概念固定化、封闭化，没有制定唯一的判断标准，而是充分尊重艺术家的个性，承认技法有差异，但这些都不是有韵无韵的决定因素。以文章为例，或巧丽，或雄伟，或典雅，或清新，各专其貌，各尽其美，都可称为有韵之作。师法古人，各有所得，也足以为韵。师法古人，能超然神会，契合天机，笔下无往而非韵。这就为意象美感的多元化存在提供了理论依据。严羽推重盛唐诗人，追求不涉理路、不落言筌的"兴趣",要求"言有尽而意无穷"(《沧浪诗话·诗辨》),都有韵味这个内在的审美尺度。中华词学也追求情景交融,妙合无垠,韵味无穷。蒋兆兰说:"词宜融情入景或即景抒情,方有韵味。"① 词以含蓄为上,表达不宜直白,直白则缺乏蕴藉,粗浅直白,索然意尽,了无余味。

2. 情趣为尚

"情趣"也是"意象"的美感诉求之一。这种美感诉求主要体现在明清散文审美领域。晚明时期,阳明心学得以广泛传播,狂禅之风在文人阶层引起精神上的波动。与此相应,崇尚审美情趣成为当时的普遍理想,这与抒发性灵的文艺思潮有着千丝万缕的联系。李贽呼吁"童心",心灵保持纯净的状态,不受闻见道理的污染,以此反对虚情假意做作之风。以童心作文,不必取材经典,也不必讲究雕琢,不粉饰蹈袭,不依傍古人藩篱,也不无病呻吟。有童心者,必定有个人的情趣,因此,袁宏道讲"独抒性灵,不拘格套"(《小修诗序》),真实性情从心中流出。艺术应有感而发,表达情趣。自我独运,脱尽习气,尽现本色之语,传达本来面目。

明清散文追求审美情趣,而这种审美情趣正是文人生活情

---

① (清)蒋兆兰:《词说》,载唐圭璋编《词话丛编》,中华书局1986年版,第5册,第4639页。

第七章 意象与韵味

趣的流露。袁宏道说："世人所难得者唯趣，趣如山上之色，水中之味，花中之光，女中之态，虽善说者不能下一语，唯会心者知之。"[①] 这里列举了各种生活情趣，体现为闲澹的审美情趣。生活情趣有深有浅，得之自然者深，得之学问者浅。婴儿虽不知何为情趣，却能以新奇的眼光打量世界，享受人间的快乐，无往而非情趣。审美情趣是文人生活情趣的反映，也是意象美感的体现。晚明文人常以山人自号，率性而行，逍遥度日，向往任兴逍遥的生活。他们认为，涉世越深，见闻越多，其生活情趣越浅，其天性丧失越多，因此，他们要求摆脱世俗欲求和政治纲常的桎梏，认为这样的生活更适应审美活动的特性，更能保持纯真自然的生活情趣，因而也才能创造出更有审美情趣的意象。

与这种崇尚情趣的审美思潮相适应，明清散文领域涌现出一批优美的作品，它们富有情趣，成为文人生活情趣的留影。《幽梦影》是张潮的散文集，抒发对人生世态的感悟，体验真切，话语平常，如道家常，不事藻饰，妙舌如环，意味深永。他虽然写的是平凡事物，却使平凡物有情化、诗意化，优雅的性情、闲澹的情调、醇正的品味洋溢其中，赏玩悠闲生活组成

[①]（明）袁宏道：《叙陈正甫会心集》，载《袁宏道集笺校》，上海古籍出版社 2008 年版，第 463 页。

的丰富意象。读书、赏月、观景、品茗、游玩,处处皆是文章。这样的句子极其普遍:"春听鸟声,夏听蝉声,秋听虫声,冬听雪声,白昼听棋声,月下听箫声,山中听松风声,水际听欸乃声,方不虚生此耳。"月色花香,山光水态,美人风姿,都是文人雅韵的写照,读来清幽入怀。他畅谈玩石体验,寄托米芾雅兴,抒发磊落胸次,表达对现实山水、梦中山水和胸中山水的感悟,令人作山水遐想。在这种生活情趣的观照下,天地之间无处不是妙文:"善读书者,无之而非书,山水亦书也,棋酒亦书也。花月亦书也。善游山水者,无之而非山水,书史亦山水也,诗酒亦山水也,花月亦山水也。"像这样的话语,都是以审美的眼光观照世界,赏玩生活,感悟存在,具足生命的情调,不愧为慧业文人之语。

另一位散文家张岱也很有成就,他的《陶庵梦记》《西湖梦寻》也很有影响。他有丰富的人生经历,有充实的生命体验,散文多追忆前尘往事,描绘风土人情,感慨国破家亡,怀念故土家园。因此,他的散文社会人生内涵更丰富,更重视对民风民俗的描绘。他还擅长营造氛围,描写环境,铺排场景,如《鲁藩烟火》《西湖七月半》《柳敬亭说书》等,都有细致的场景描写或环境描写。崇祯五年十二月,他在西湖居住,当时大雪三日,湖上人鸟声绝,一派宁和静谧。他欣赏湖心亭的雪景:"雾凇沆砀,天与云、与山、与水,上下一白。湖上影子，惟长堤一痕、湖心亭一点，与余舟一芥、舟中人两三粒而已。"(《湖心亭看雪》)这段文字笔墨简约，勾勒出水天相接的场景，传达个体融入世界的存在体验。

3. 澄怀味象

中华美学把"意象"作为艺术的本体性存在，在某种意义上，审美活动就是创造"意象"与欣赏"意象"的过程。艺术家仰观俯察，构思"意象"，并结合其独特的生命体验创造"意象"，这还不是审美活动的全部，这些充满韵味的、富有情趣的意象本身不是先天独立的存在，需要艺术欣赏者把它们还原出来。与"意象"打交道，从审美心理的角度说，是一个"澄怀味象"的过程。"意象"被创造出来后，艺术欣赏者应使心境澄明洁净，以此玩味"意象"，体验其中的韵味和情趣。"澄怀味象"在中华美学中发生过重要作用，尤其是在诗歌美学界，对这种审美观照方式极为推崇。司空图追求"韵外之致""味外之旨"，就有"澄怀味象"的意思。诗歌意蕴微妙，绝非语言文字所能言传。

司空图神往那种可望而不可即、可见而不可触的意象。在诗歌审美活动中，"澄怀味象"是指玩味其"象外之象，景外之景"，而不是放弃眼前的"意象"而别求他象，不是放弃言内之味而别求他味。因此，读诗者不能局限于"意象"的外在形式，而要深入体味其深层意蕴，这样，才能整体性地把握

"意象"的存在,注重"象内"与"象外"的彼此关联。诗歌美学追求"意象"的含蓄表达,其韵味处于言说与静默之间,需要用心玩味与体验。

"意象"不是认识的对象,也不是逻辑的境界,需要细心玩味。"象外之象"是关于"意象"深层内涵的说法,同时离不开审美体验,因此,在欣赏"意象"时,要把"象内"和"象外"统一起来。欣赏书法,先要注意其笔法、墨法、笔势、结构、章法,又要欣赏其笔意、笔力、性情、风格和精神,这才能完整地把握书法"意象"之美,才能真正欣赏其韵味和情趣。书法欣赏不能停留于笔墨迹象及结构安排,还要领会笔墨文字之外的工夫和意趣。唐代张怀瓘说,书法欣赏"可以心契,不可以言宣"(《六体书论》),讲的就是这个道理。

其他审美意象的欣赏也不外乎此理。音乐以声传情,因情达意,音乐欣赏能生成声情并茂、意味绵延的美感世界。作为音乐的基本存在方式,乐音在表达情感的过程中生成意象,通过特定的节奏和旋律表达意绪,音乐美是"声""情""意"等要素的统一,彼此交融,难以分割。这是音乐美的三层结构。《乐记·乐象》:"声者,乐之象也。"孔子欣赏音乐,三月不知肉味,超越了生理的体验,有余音绕梁之叹,这就是音乐的弦外之音。余意既不能归为客观的存在,也不能说是主观的体验，它需要欣赏者不断玩味，从耳闻之曲引发更为深沉的生命感受，产生一种曲尽而有余意的形而上体验。

4. 妙悟自然

"妙悟自然"，这是张彦远在《历代名画记》中提出来的。前面提到，"虚实相生"是"意象"的重要特征，它成就了艺术美感的丰富性，使得意象带有一定的非确定性。从思想根源上讲，"妙悟自然"的观照方式很大程度上受到佛教禅宗的影响。禅宗本身不是哲学，也不是美学，可是，禅宗是一种富有审美气质的宗教，它对中华美学和传统艺术产生了巨大影响，它的核心思想和观念也富有审美意蕴。禅宗主张超越知识理路，以不分别的态度观照世界，对人生和艺术持超然的态度，并提倡以个体独特的生命体验观照事物，妙悟成真。

禅宗秉承大乘佛教的般若空观，既承认事物的虚假性，又不否定现实事物的价值，因此，在观照事物时，主张"不立文字，教外别传"（释普济《五灯会元》），以妙悟的方式即假而悟真，当下即是。依照这种观照方式，在欣赏审美"意象"时，就不能以认知逻辑介入，应该注重生命的体验，开启心灵的感悟。任何"意象"都是有限的，都是艺术家方便说法而采用的权宜之计，不可不执着于"意象"或"幻相"本身，然而，这种有限的"意象"或"幻相"却能传达无限的意蕴，因此，欣赏者的使命在于，把"意象"或"幻相"深层的意蕴揭示出来，传达出来。这种审美观照的过程就是"妙悟"。

这种"妙悟"是自然而然的行为，是心领神会的审美体验，颇有拈花微笑的妙意。传说王维绘有雪中芭蕉，后人或批评他不知寒暑，导致构图时空错乱，或为之苦心辩护，甚至举出夏日见到岭南大雪这种奇事等。对于该图的构思，不应以实相求之，而应解会王维的奇妙构思，玩味其神韵，领略其精神。在中国人的审美生活中，以"妙悟"进行观照的例子不胜枚举，引为美谈，相反，不以"妙悟"的方式观照艺术，则常会南辕北辙，闹出笑柄。

第八章　意境与境界

　　意境和境界都是富有中华文化特色的审美范畴，它们的现代建构受到西方美学的启发，然而，却不能把它们的诞生完全看成是现代学人编撰的产物。无论从中华美学的发展与演变看，还是从深入把握中华传统艺术的特质来说，都绕不开这两个审美范畴。

　　在20世纪中国美学史上，有关意境和境界的讨论曾多次成为学术热点，取得了突出的成绩，达到了诸多共识，也存在不同意见。仅就意境而言，王国维把它规定为情景交融，朱光潜认为它是情趣与意象的契合。宗白华对中华传统艺术意境之诞生有过深入的研究，他还立体性地揭示了意境的深层结构，把意境分为"直观感相的摹写""活跃生命的传达""最高灵境的启示"三个层次。在参照这些美学前辈研究成果的基础上，本章尝试对中华美学领域的意境和境界作进一步思考。

一 境由心生

作为审美范畴的意境和境界,其哲学基础主要是在庄子和佛教。中华美学推重以心为炉的造境工夫,普遍流行境心相遇的原理。这种境由心生的审美传统不能以唯物、唯心二元对立思维进行概括,它是中华传统艺术意境和审美境界的共同本质。

1. 境界的哲学基础

"境"原属地域概念,指界疆边界或领土范围。《诗经》有"疆"指代境界、边境、国境的用法,但不具备心理内涵。班昭《东征赋》有"到长垣之境界",这是"境界"一词的较早出处,不过,它还是被用作地域概念。

"境"较早出现心理化倾向的,是在《庄子》中。《逍遥游》讲"辩乎荣辱之境",这里的"境"是指心灵境界,其词义带有明显的心理意向。庄子谈"境界",以淡泊之心处世,不被荣辱所惑,不被是非所乱,不因外物而丧失天性,始终护持超然的心境。

随着魏晋以来佛教的东渐,"境"作为汉译佛经的常见词汇而露面。它虽然还保留着地域概念的用法,但是逐渐转向心理层面,被赋予了更多的意识成分,为审美领域意境和境界理论的发展提供了新鲜的养分。

第八章 意境与境界

佛教的心性论特别发达,围绕心境关系的探讨,为理解境界的本质作出了规定。佛教认为,"境"是心识攀缘所得,六根所取的六种对境,称为"六境"。"六境"是六根感知而呈现的境界,分别是指色、声、香、味、触、法。境界具有共同的本质,就是非实在性,虚幻不实。从原初的意义上说,佛教讨论境界是想破除人们对心识的执念,解除对表象世界的贪恋。心灵不加分别,那么,呈现在眼前的境界也就真实无妄了。佛教讨论境界虽然出于破除对妄识的执念,但是,它强调"心"与"境"的紧密联系,具有积极的意义。

佛教在心境关系方面的看法,对中华美学意境和境界理论的发展产生过深远的影响,中华传统艺术意境和审美境界的形成都与此有关。当然,具体落实到审美领域,儒家和道家对意境和境界的影响也不容忽视,正是儒释道文化的合力,使得中华美学意境和境界的理论内涵变得丰富,意义变得丰满。

2. **心源为炉**

中华美学强调,物境不是客观的外物,不是先天存在的美的理念,物境与心境紧密相连,同时,心境也要与物境发生对话才有意义,才能显示它的存在价值,纯粹的心境只是一些零乱的思绪或情感碎片,无法创造艺术意境,不能产生审美的价值。在艺术意境的诞生过程中,物境起着触发感兴,引发创造冲动的作用，而心境起着对物境进行加工，并使之转化为意境的关键作用。

中华美学历来重视心境的作用，它把审美心境称为"心源"，张璪说"外师造化，中得心源"（《历代名画记》），刘禹锡讲"心源为炉，笔端为炭"（《董氏武陵集纪》），都是这方面的代表。像张璪、刘禹锡这样重视审美心境的说法，在唐代以来非常普遍。这是注重生命体验的心性论在审美领域的反映。唐代重玄，道教兴盛，佛教天台宗、华严宗、禅宗等广泛传播，因为重视心灵的功能和作用，所以形成了一股张扬个人创造力的思想潮流，并成为艺术家开启心源的精神支持。

心源既是造化之炉，也是意境创造之本。这就要求艺术家平常护持心境，注重生命体验，具备转识为智的能力。佛经说，芸芸众生就像画像，各种奇异的形相都从心中画出。艺术意境的创造同样如此。佛教素有像教传统，以画像取譬喻示民众，揭示万物随心所现的教理。禅宗高扬生命个体的自尊心和自信心，认为没有脱离自性的境界，与此相应，中华美学也张扬艺术家的创新意识，突出心境在审美活动中的作用。

佛教华严宗、禅宗等派别，也有心境互依的说法。最高的智慧是般若，它超越分别意识。宋代延寿在《宗镜录》中提出"摄境归识，摄识归心"，强调心灵在感知外物时的关键作用。唯识宗所说的"转识成智"，是以无分别心，成就

第八章 意境与境界

无分别智。艺术家心境丰富,含藏万有,意味着创造精神无法估量。从这个意义上说,它是意境的创造之源,也是意境的生成之所。艺术意境是心境与外物的统一,是情思与智慧的交融。

东篱之下,南山之前,这些常人看来最为平常的场景,到了陶潜这里,一切发生了质的变化。它们充满了诗意,富有了生命,成为悠然天真性情的写照。玩山气之将夕,与飞鸟以俱还。人间的生活,他有我亦有。陶潜的诗境在于平淡天真,徜徉自在,触处成趣,触物即真,绝不是抉天地而出,翱翔于人间世之外。艺术家取境与人相同,但他创造的意境却有时空意识等方面的差别。关于"心"与"境"的依存关系,方回在《心境记》里有一段很精彩的论述:"心即境也,治其境而不于其心,则迹与人境远,而心未尝不近;治其心而不于其境,则迹与人境近,而心未尝不远。"这段话再次表明,艺术意境的创造关键在于艺术家的心境,而非外在的事物,即心即境,心境不二,才有创造发自内心而契合天机的艺术灵境。

澄明的心境廓彻灵通,广大虚空,清净光明,了无尘埃。艺术家在感兴的触发下,享受大自然的明月清风,品味人间世的世态炎凉,感慨世事的沧桑无常,无不引起心境的波动,甚至卷起狂澜,于是产生艺术创造的冲动,化为各种饱含生命体验的意境,或通过审美生活寄寓生命的情调。在审美活动中,现实的物境、眼前的场景只是意境创造的机缘，它们本身并不具有决定性的作用。人们的审美素养和生命阅历等差异很大，对外物的感受也是千差万别。"境缘无好丑，好丑起于心。"（《牛头山法融禅师》，普济《五灯会元》卷第二）这是牛头山法融禅师的名言，它指出了参禅体验的独特性。这种体验不是世俗的情感，而是对现实和存在的彻悟。尽管"境缘无好丑"，然而，艺术家素养有强弱，水平有高低，因而他们创造出来的艺术意境、呈现出来的审美境界也就各各不同。这就要求艺术家平时护持心境，锻炼创造力，在平凡中见出不凡，在普通中发现不普通。

心源为造化之炉。此心不是认知心，不是道德心，而是清净心，是审美心境，人人具足，活泼玲珑。作为意境生成之场所，心境应是清净无染、纯洁本性的流露。生活世界与人的生命发生关联，它才显示出审美的价值。缺乏深沉的生命体验，物理世界虽然存在，却不能与人的生命发生精神的联系。这是因为，纯粹的物理世界缺乏生命的观照，客观的境相也就无法彰显它的审美价值。艺术家介入世界时，必定伴随着心灵的创造作用。心源既是艺术意境的创造之源，也是艺术家审美体验之家园。中华美学推重心源，开启人的清净本性，张扬独特的创造精神。

作诗贵有自家性情和面目，表现自家之境界，这都需要以心为炉的造境工夫。陶潜、李白、杜甫、苏轼之诗，都是出诸灵府，境界天成。陶潜有陶潜之面目，李白有李白之面目，苏轼亦有苏轼之面目，各各不同，莫不自在。举一篇一句，感念忧国爱君、悯时伤乱、处穷守约、关爱民生，其抒愤可慕可敬，这是杜甫之境界。读苏轼的文章，感念其天马凌空、旷达自在、心怀无穷、风流儒雅，这是苏轼之境界。功名之士，不能作淡泊之音；轻浮之人，不能奏大雅之响。造境发自"心源"，就是这个道理。

3. 境心相遇

意境是心灵的映射，心灵是美感的源泉，也是"意境"的源泉。宗白华说："艺术家以心灵映射万象，代山川而立言，他所表现的是主观的生命情调与客观的自然景象交融互渗，成就一个鸢飞鱼跃、活泼玲珑、渊然至深的灵境；这灵境就是构成艺术之所以为艺术的'意境'。"[1] "意境"是艺术家创造精神的外化，生成的是活泼玲珑的灵境。

艺术意境的创造需要外物的触发，审美境界的生成也离不开心境的支持。这就要求艺术家丰富人生阅历，开启生命体验，对瞬间即逝的存在有发现的眼光，对偶然呈现的现场有真切的感受，这就是中华美学境心相遇的原理。

---

[1] 宗白华：《宗白华全集》卷二，安徽教育出版社2008年版，第358页。

"境心相遇"是白居易赏园时正式提出来的。他说："大凡地有胜境，得人而后发；人有心匠，得物而后开：境心相遇，固有时耶？"① 园林是文人生活休憩的场所，赏园因而成为文人生活的重要内容。赏玩园林不只是观看自然景物，它是一种心物交融、物我无间的审美活动，是审美心境与自然景物的契合。彼此遇合，相互沟通，才有园林美感的生成，才能体证鸢飞鱼跃的园林境界外物，使园林充满生意和精神。景与兴会，在在皆真，其意在此。

中唐以来，文人对动荡社会有了更清醒的了解，对仕途功名也有了更透彻的觉悟，不少文人都遭遇过因仕途波折带来的贬谪经历，同时，这也从另一个角度成就了他们的审美境界，并对中华美学的发展作出了贡献。文人远离繁华都市，有足够的条件游山玩水、欣赏美景，也提出了富有价值的审美现象。柳宗元提出"美不自美，因人而彰"（《邕州柳中丞作马退山茅草亭记》）这个命题。这表明，美的发现和欣赏离不开人的发现。

确实如此。在未经发现之前，有些自然景物并非不存在，只是其美感处于潜隐的状态，并未受到人们的关注。假如景物

---

① （唐）白居易：《白蘋洲五亭记》，《白居易集》卷七十一，中华书局1999年版，第1495页。

第八章 意境与境界

本身不够美,就需要以审美的眼光来发现,并加以创造性的转换,使之更美;假如自然景物本身具足美的因素,只是暂时处于被遮蔽的状态,这就需要进行审美观照,来解蔽、来照亮并加以传达。自然景物的美感不是自然形成的,它需要发现的眼光和能力。门迎青山,汀牵绿草。湖畔鸥鹭忘机,庭前醉渔唱晚。心淡如月,清风满怀,妙赏无边秋色。幽雅的景物是园林生意所在,也是文人性情的投影。以赏园来说,自然景物的安排、人文美感的布局,都应与赏园者的当下心境相互契合,才有园林境界的生成。一片园林、一方山水,照亮一种心境,敞开一份胸怀。赏园不能走马观花,也不只是看风景,而应欣赏自然景物的勃勃生机,感受历史景观的人文精神,体验人与世界的和谐共在。

在此,我们简要比较杜甫的两首登临之作,有助于更好地理解境心相遇的原理。

公元736年,杜甫登临泰山,发出"会当凌绝顶,一览众山小"(《望岳》)的慨叹。当时,杜甫正值青春年少,北游齐赵等地,过着裘马轻狂的生活。这首诗洋溢着青春的朝气,流露出乐观自信的气象,表现的是壮美豪放的境界,意境雄浑、气势豪迈,非胸襟博大者莫办。

到了公元767年秋天,杜甫独自登临夔州白帝城外的高台,于是有了另一首名作《登高》:"风急天高猿啸哀,渚清沙白鸟飞回。无边落木萧萧下，不尽长江滚滚来。万里悲秋常作客，百年多病独登台。艰难苦恨繁霜鬓，潦倒新停浊酒杯。"杜甫作这首诗时，"安史之乱"早已结束，但唐王朝的整体形势并未显著好转，他生活困苦，疾病缠身，在此窘迫心境之下，他临江远眺，触目伤怀，百感交集，感叹身世飘零，悲伤老病孤愁。此时此地、此情此景，早已不是当年那种气壮山河、俯瞰一切的豪迈气势了。

心境相遇的原理还提示我们，审美活动既有创造性，又存在个体差异。面对同一景物，既可能生成丰富的美感，创造美的意境或境界，也可能遮蔽甚至消解它的美感，遏制意境的诞生或境界的生成。对世界缺乏审美的眼光，对事物缺乏同情的理解，只是停留在物性的层次，甚至被外物所牵，谈不上美的发现，更谈不上照亮物境，创造意境和境界。柳宗元说，古往今来的先贤无数，可是只有王羲之发现了兰亭之美，这是很好的例证。参与兰亭雅集的才华横溢之士也不在少数，唯独王羲之能与兰亭相照面，心境相遇，毫无隔阂，兰亭之美，当下照亮。

二 含虚而蓄实

意境是中华美学的核心范畴，它与意象既有联系，又有差别。一般认为，意象的外延大于意境，意境的内涵深于意象。意境属于意象的特别类型，意象却不一定具有意境的独特内涵。总之，意象与意境既有共同性，又存在实质的差异，这种差异正是艺术意境的特质所在。

1. 境生于象外

"境生于象外"（《董氏武陵集记》），是刘禹锡对意境内涵的规定，也是对中华美学意境特质的概括。唐代是意境理论发展的关键时期，刘禹锡对"意境"有所规定。他在分析诗歌神妙特性的基础上，以言有尽而意无穷作为评判艺术意境高低的标准。他说："诗者其文章之蕴邪！义得而言丧，故微而难能。境生于象外，故精而寡和。千里之缪，不容秋毫。"[①]就像意象超越物象，诗歌意境也超越一般意义上的意象形式。

意境理论的发展与演变经历过一个漫长的进程，在南朝时期就出现过一次高峰。"隐者也，文外之重旨也""情在辞外曰隐""隐以复意为工"，这是刘勰对"隐秀"的规定，其实已经初步具备了意境的内涵。具有深远的余味、含蓄的特征，便是隐秀之作。南齐谢赫的《古画品录》提到，"若拘以体物，则未见精粹，若取之象外，方厌膏腴"。他把"象外"作

---

① （唐）刘禹锡：《董氏武陵集纪》，《刘禹锡集》，中华书局1990年版，第238页。

为超越"体物"的更加高级的审美方式,只有这样,才能传达事物的真相。神寄微言于象外,以形媚道,神超理得,成为山水画构图的基本方式。

唐朝僧人皎然追求意境之美,要求诗歌富有余味。他提倡"文外之旨","两重意已上",都包括这层意思。诗歌要有丰富的意蕴,具足多样的美感。其《诗式》卷二引《古诗》:"回车驾言迈,悠悠涉长道。四顾何茫茫,东风摇百草。"评之为"思也"。所谓"思",是指言有尽而意无穷的余味。司空图以"韵外之致""味外之旨"概括意境的内涵。咸酸适口,而止于味,诗贯六义,众美备至。这是一般人的审美经验。直寻而得,不思而致,耐人寻味,毕竟罕见。可是,意境具有高级的审美理想,不能停留在一般的审美经验层面。举凡杰出的诗文佳构,多是澄澹精致,格调具足,既不炫耀学问,也不刻意雕琢,"近而不浮,远而不尽",如此才能谈论"韵外之致"。这是司空图意境理论的要义所在,同样强调意境超越言象的特质。

司空图还意识到,意境不是实在之物,它具有非实体性。"象外之象"不可把捉、难以言传,需要体验,而不是日常语言逻辑的境界。例如,他对"雄浑"有如此描述:"超以象外,得其环中。持之非强,来之无穷。"(《诗品·雄浑》)这有别于先秦儒家对刚健精神和浩然气象的要求。他还这样描述

第八章 意境与境界

"超诣"之境:"匪神之灵,匪机之微。如将白云,清风与归。远引若至,临之已非。少有道气,终与俗违。乱山乔木,碧苔芳晖。诵之思之,其声愈希。"(《诗品·注释》)从司空图对这两种境界的描述看,其美学内涵已经化合了儒释道文化,难以分解,而且,他还指出了意境的非实体性和不确定性。要领悟艺术意境、感受审美境界,需要激活自身的生命体验,开启妙悟成真的慧眼。

这种求诸象外的思维在艺术欣赏中极为常见。晚唐司马扎听人弹琴有感:"瑶琴夜久弦秋清,楚客一奏湘烟生。曲中声尽意不尽,月照竹轩红叶明。"(《夜听李山人弹琴》)一般来说,音乐意境由两个层次构成。第一层是"曲中声",也就是听觉感知的旋律节奏,以及通过想象生成的意象或场景;第二层是"曲外意",它是通过对音乐形式和意象的玩味与体验引发的深层意蕴。音乐欣赏的"意境",是这两个层次的统一,二者缺一不可,相比而言,尤以第二层重要。

"境"生于"象"外,这是以道家哲学为理论基础的。在此,有必要做些必要的补充。"道"是万物的根源,道性隐微,道体微妙,不可感触,不是认知的对象,却是万物生成的法则。"道"本不属于"象","象"却源于"道","道"能显现为"象","道"恍惚有"象"。"道"是最高级的"大象","大象"是未分化的道,却不是具体的物象。"道"无规定性,却不是虚无,它包藏无限的可能,却不是确定的事物。道体含藏万有,又超越具体物象。现实之物是道的作用,是有限的存在。

老子强调"道"是整全浑然的存在。《道德经·第四十一章》:"大方无隅,大器晚成,大音希声,大象无形。"为了保全"道"的整体性,成就"道"的纯粹性,道家主张舍弃细肖,超越形似,走向"言象"之外,追求更为根本的存在,这就是对"道"的体验。"道"先天地而生,混成为一,寂寥独立,周行不殆。任何"名""形""物""象"都难以对"道"进行规约,作为万物的本根,"道"的整全性、涵容性和混沌性成为中华美学"境生于象外"这种意境特质的思想根源。

参照道家对"道"与"象"关系的规定,也可把意境分为意象本身和意象以外的存在这两个部分,以此理解意境的结构,就有了充足的理据。也可以说,意境不是一般的意象,它是意象的高级形态,是最富有哲理性的意象形态,是无与有、虚与实、显与隐的统一。因此,在审美活动中,既要关注意象的内部构成及其构成因素之间的关系,又要深切体验与玩味意象以外的存在。这样,才能完整地把握意境的内涵。既要解读有规定的、有限的、在场的意象元素,又要领会与欣赏无规定的、无限的、不在此的意境存在,它们彼此关联,不可分割。对于意境来说,后者往往更加重要,更能彰显意境的文化价值和美学意义。

2. 境与意会

境与意会，这同样是谈意境的构成。权德舆有"凡所赋诗，皆意与境会"（《左武卫胄许君集序》）的主张。无独有偶，苏轼也说，陶潜因采菊而见南山，"境与意会，此句最有妙处"（《饮酒其五》）。这是苏轼对陶诗意境的高度评价。

"意"与"境"是文学的两个基本元素，它们相互契合，共同构成统一的整体，这就是王国维的"意境说"。他把意境分为几个层级，"意与境浑"为上，其次或以境胜，或以意胜，不一而足。王国维还说，观照自我就会使意胜于境，观照外物就会使境胜于意。在意境的内部结构中，这两种元素有所偏重，却不可偏废。艺术是否有意境，意境或深或浅，就与二者的组合情况有关。王国维说的"意与境浑"，与权德舆、苏轼提倡"境与意会"一脉相承。

王国维认为，元杂剧最佳之处不在其思想结构，而在于"有意境而已"。不管是哪种艺术形态及其具体方式，艺术都要以"意境"的真实感人为审美原则。"景"与"情"是意境的基本要素，也是王国维对文学原质的规定。"景"不是自然景物，它以描绘自然和人生为主，与人们平常对景物的理解不同；"情"是艺术家对自然和人生的态度，是熔铸了生命体验的人情世态。意境是锐敏的观照与深邃的感情的交融，这两种要素在其中的作用有时并不一致。王国维强调,"境"不是单指景物,喜怒哀乐等情感体验,便是艺术家心中的境界。有境界者,必定能写真景物,表达真感情,否则,便是无境界(《人间词话》)。他的"意境说"经常遭到学界的误解,与他对"情"与"景"的界定有关。

中华美学历来重视对境界的探讨,王昌龄在《诗格》中提出了"物境""情境""意境"概念,很有代表性。其中,他对"意境"的规定是"张之于意而思之于心",这种境界的旨归在于"得其真"。王昌龄的"意境"理论立足于境界的类型差异,而不是非此即彼之论。其他两种境界,如"物境""意境"都主张心物合一,高扬"心""思"的创造意识,也就是诗人的审美能力,又重视诗人"了然境象"的妙悟能力。王昌龄强调诗人的创造力,承认在审美能力的作用下,诗歌应该达到真实的效果。"意境"的目标在于显现真实,这种审美意义上的真实,带有妙悟即真的内涵。在审美境界的生成过程中,艺术家独特的生命意识起着非常关键的作用。同时,王昌龄也认识到,"意境"之"境"不是心灵的凭空想象或任意杜撰,它源于现实生活。因此,他要求作诗时凝心静虑,亲身感知外物,以心合境,做到"境与意会"。诗歌不仅要渗透诗人的情感体验,而且要与境相接,才能创造境与意会的艺术意境。

在很多时候,中华美学对"象"与"境"并未严格区分,皎然就称构思为"取境"。不过，与"象"相比，"境"更有整体性。有些艺术家干脆把感知的世界称为"境"，认为艺术创造就在于传达这种感知。文章本天成，妙有偶得之。艺术家对世界先要有深入的把握，获得透彻的感受。祝允明说："身与事接而境生，境与身接而情生。"（《送蔡子华还关中序》）他指出意境生成有三个要素："身""事""情"。其中，"身"是指美感的直接性，"事"是指境界的寄托物，"情"是指感兴的动力。"情"由"事"生，"事"有向背，"情"有爱憎，"意境"因而呈现出丰富多样。"事"为表，"情"为里，以"情"治"事"，不为物夺，意境方生。

总之，意境的生成离不开心灵与物境的契合，心灵自在，物境清明，"境与意会"，当下生成。既超然于尘俗之外，又要与世界保持适当的距离，这是触发美感的最佳状态，也是意境生成的重要条件。

3. 形而上意味

意境与意象的主要差异，不在于它的层次结构的复杂性，而在于意象更富有哲理内涵，或者说是更具有形而上的意味。这也是意境的特质之一。

意境的形而上意味，是指艺术作品除了一般的意象经营外，还应为读者提供意味无穷的空间，这与艺术家对社会人生、天地宇宙、历史时空等的体验有关。当然，不同艺术形态对意境有不同的要求，不同的艺术家有不同的意境表现方式，不过，作为有意境的作品，必然要与上述体验发生一定的联系。在小说名著《三国演义》中，有一首《临江仙》："滚滚长江东逝水，浪花淘尽英雄，是非成败转头空，青山依旧在，几度夕阳红。白发渔樵江渚上，惯看秋月春风。一壶浊酒喜相逢，古今多少事，都付笑谈中。"这首词就是富有意境之作。它安排在小说的开篇，有统领全书的作用，奠定了整部小说的主题基调，弥漫着一种深沉的历史意识，这就是小说的意境所在。作者通过这首词，引领读者进入意境之中，纵览古今，触摸历史，感受往事如烟，而心境毫无拘牵，领略中国悲剧的独特美感。

中华传统艺术中有很多旅游之作，也充满着人生体验，富有形而上的意味。这在唐代文人阶层更为普遍。他们漫游天下，开阔了视野、增长了见识、获得了愉悦，并通过这种休闲生活，观照社会，思考存在，表达那个时代文人的形上思考。

唐代文人登高望远，常从眼前的景物想起有关的人事，通过对当下的触摸和对过去的想象，抒发对人生和历史的感悟。"人事有代谢，往来成古今"（《与诸子登岘山》）。"青山依旧在，几度夕阳红"（《临江仙》）。这种登临之作经常弥漫着苍茫的历史感。崔颢登黄鹤楼高歌："昔人已乘黄鹤去，此地空余黄鹤楼。黄鹤一去不复返，白云千载空悠悠。晴川历历汉阳

第八章 意境与境界

树,芳草萋萋鹦鹉洲。日暮乡关何处是?烟波江上使人愁。"(《黄鹤楼》)这种登高望远引发的历史感,多是今昔对比,追忆悠悠往事。与直抒胸臆不同,它往往蕴藏着深沉的人生感悟,形成一种复合型的美感,包括对时间的反思意识。纪昀评此诗,说它意境宽然有余,正是不可及处。

沈德潜说过:"余于登高时,每有今古茫茫之感。"(《唐诗别裁集》卷五)此话实有见地。陈子昂登幽州台,慷慨高歌,便是宇宙意识的写照。"前不见古人,后不见来者。念天地之悠悠,独怆然而涕下。"(《登幽州台歌》)这种"今古茫茫"的慨叹,不是一般文人所为,作为孤独寂寥的生命个体,面对无边的世界和浩瀚的宇宙,情不自禁地发出对时空无穷、宇宙无限的深切感叹。因此,这首诗的意境不是优美和谐,而是忧思悲凉满怀,更有莫名的惆怅,一种前无古人、后无来者的宇宙感!

当然,在具体的审美活动中,意境创造也有不同的要求,对其形而上意味的诉求也有不同的方式,并非要求同时具足对社会人生、天地宇宙、历史时空等的体验。对生命的感悟、对存在的超越,使人产生突破世俗生存的冲动,从有限的当下产生对无限存在的渴求,都能通过意境表现出来,同样具有独特的人文价值。意境的这种形而上意味,源于人试图突破现实的局限,追求更高、更深、更远的生命理想。王之涣有一首小诗:"白日依山尽,黄河入海流。欲穷千里目,更上一层楼。"(《登鹳雀楼》)诗人极目远眺,胸襟开阔,身心获得了前所未有的解放感、自由感和超越感。这首小诗看似平常,其实蕴含着丰富的意蕴。它把人从有限的山河实景引向无限的宇宙时空。

三 审美境界与诗意人生

"意境"与"境界",这是两个既相互联系,又存在区别的审美范畴。学界多强调二者的关联,而忽视彼此的差异,这可能受到王国维交替使用这两种范畴的影响。一般情况下,这两个范畴可以替代,如果严格来说,意境主要指向艺术作品的意蕴,境界主要是指艺术作品体现的审美人格和精神境界,也指艺术境界。可见,这两个范畴并非完全等同。例如,我们说某某作品意境雄浑,是从该作品的境界而言的,至于说某某艺术家境界高远,有圣人气象,就不能用意境替代了。不过,它们都与审美活动相关。叶燮论苏轼之诗,"其境界皆开辟古今之所未有"(《原诗》)。这里的"境界"的内涵实际上与"意境"无异。当然,它也指向苏轼的精神境界。王国维引晏殊、欧阳修、辛弃疾词句论古今成大事业、大学问者的三种境界,就是以艺术境界解说人生境界。

第八章 意境与境界

1. 审美境界与人生境界

人生境界建立在深厚的哲学土壤之上。中华哲学具有重视人生境界的优良传统，各家各派都有关于人生境界的理论。先秦儒家以恢复周代礼乐文化为己任，把圣贤人格作为理想的人生境界，讲究温柔敦厚、中庸节制、文质彬彬，志在建设和谐而有秩序的理想社会。道家对礼乐制度持批判的态度，它以自然无为为生命理想，认为道法自然、逍遥自在、不被物役的真人才是最高的人生境界，因此，它追求个体的生命自由和精神自得，以及"独与天地相往来"（《庄子·齐物论》）的存在感。佛教既不讲社会担当，也不刻意寻求超越之道，它注重的是生命智慧的开启，洞察宇宙人生的真相，于是采用各种权宜说法、方便法门，提供妙悟与体验，充当生命的觉者，成为佛教向往的人生境界。这是儒释道在人生境界的差异。

同时，我们还应注意，无论是儒家、道家，还是佛教，在人生境界方面又存在很多相同之处。例如，它们都追求人生境界的真、善、美统一，而不是以二元对立的思维对待人生。儒家讲美善合一，又把"浑然与物同体"（《识仁篇》）、"民胞物与"（《西铭》）等作为求真的境界。表面看来，道家注重的是体道求真，逍遥人生，各适其性，实际上，从老子到庄子，都把善作为真美合一的前提，《道德经》有很多地方提到道德问题，《庄子》有《德充符》等篇歌赞德行的充盈，可见道家也追求真、善、美的统一。佛教对善的追求无需多讲,不过,佛教对真和美的追求却别具意味。它追求的真是指真如、真谛,是个体对存在的真实体验,而不是知识理性,它追求的美也不是世俗意义上的美感,而是以般若空性为内涵的微言妙意,审美不过是传达这种佛理的中介而已。

为了提升人格理想和人生境界,中华哲人也提出了相应的方法。例如,《大学》有"三纲八目"之说,孟子主张"养浩然之气",至大至刚,充塞天地,周敦颐说"观天地生物气象",王阳明说"致良知",董其昌说"读万卷书,行万里路",都是人生境界进修之路。这种真、善、美合一的人生境界,对文人处世态度的养成发挥着直接作用,还被转化为审美境界的重要内涵。

在现代中国哲学和美学界,冯友兰、宗白华等对人生境界有精彩的分析。冯友兰把人生境界分为四个层级:自然境界、功利境界、道德境界、天地境界。与冯友兰不同的是,宗白华把人生境界分为五个层次:功利境界、伦理境界、政治境界、学术境界、宗教境界。其中,功利境界主利,伦理境界主爱,政治境界主权,学术境界主真,宗教境界主神。这五层境界能概括一切吗?其实不然。因此,宗白华又在学术境界与宗教境界之间划出一块领域,作为主美的"艺术境界",根据宗白华的论述:"以宇宙人生的具体为对象,赏玩它的色相、秩序、节奏、和谐，借以窥见自我的最深心灵的反映；化实景而为虚境，创形象以为象征，使人类最高的心灵具体化、肉身化，这就是'艺术境界'。"① 在他看来，艺术的形式结构，如点线的组织，色彩或音韵的和谐，与生命情绪的表现交融为一，构成一种"艺术境界"。巍峨崇高的建筑表现出一种境界，悠扬清妙的音乐启示着另一种境界。宗白华所说的"境界"，属于审美境界。

2. 破境执，显真性

从中华哲学派生出来的美学精神，特别强调破除世俗物欲、功名利禄对心灵的遮蔽，使心性复归本真状态，使心境活泼自在，成为人生境界的最高理想。道家主张心无所悬，远离得失计较，处于绝对自由的境地。道家赞许淡然世俗的人生态度，认为声色、气味、得失、进退等都会对人性产生无形戕害，假如被外物所役，被境相牵系，就会使心灵不得自由，乃至丧失本真的天性，也就无法抵达审美的境界。

佛教禅宗主张平常心即道，随心自在，内外无对，以"无念""无著""无住"为破除境执的工夫。遇境触缘，畅达自在，"担柴挑水，皆是妙道"。佛教既质疑自我的真实性，又破除对外在境相的执着。心体廓彻，广大虚寂，清净灵明，

---

① 宗白华：《宗白华全集》卷二，安徽教育出版社 2008 年版，第 358 页。

参透声色，忘却是非，涤荡毁誉，勘破荣辱，淡化名利，这就是不被境相所缚。艺术家以此为审美人格或精神境界，就能超越卑琐的生存状态，使生命的智慧在审美活动中放光，照亮有价值和有意义的现实人生。

受道家和佛教破除声色利诱的启发，中华美学形成了超然物外的态度，要求艺术家志趣高洁，不与污垢同流，不被物役，不为境牵，成就生命的圆融和充满。中国艺术家心境淡泊，安贫乐道，知足自乐，不会穷约趋俗，不会丧己于物，也不会失性于俗。这种淡化名利，参透荣辱的人文意识，开启了纯净的心田，成就了卓尔不群的审美人格，也影响到超凡脱俗审美境界的生成。在当前不断商业化、世俗化的消费时代，非常有必要自觉地护持一份自在的心境，不为世俗荣辱所累，不被名利争执所牵。否则，就只有人性的沦丧，生命的沉沦，精神陷入泥潭，理想遭受埋葬。艺术家如果缺乏自在的心境，其真实自然的生命意识就无法显现，更不可能出现杰出的艺术大师。对当代艺术而言，这种破除境执的传统有助于净化审美空气，提升审美格调，高扬人文精神，其现实意义不可低估。

3. 契天地，同造化

依照冯友兰、宗白华等关于人生境界层级划分，最高的人生境界是天地境界或宗教境界。同理，最高的审美境界也应以天地境界或宗教境界为目标。这不是混淆它们的关系，而是强

第八章 意境与境界

调审美境界是通过审美活动来追求天地境界或宗教境界的。审美境界有高低之分,它与人生境界紧密关联,诗意化的人生境界接近审美境界。因此,审美境界不能停留于事功的状态,也不能停留于道德的诉求,而应以与天地合一、与造化同流为其理想。庄子说"天地与我并生,而万物与我为一"(《庄子·齐物论》),郭象说"玄同彼我"(何秀、郭象《庄子注》),"与物冥合",都是极高的审美境界。孔子与曾皙众弟子言志,庄子与惠子的濠梁之辩,陶潜采菊东篱的悠然生活,苏轼赤壁之上对天地变与不变的感叹,泯灭物与我、是与非、主与客、内与外等的对立,使生命存在与天地合一,与造化同流。这种审美境界不是宗教境界,却有类似宗教的神圣感、庄严感和崇高感。

在中华美学中,文人审美意识占据着主流的地位,特别是唐宋之际,文人的身份意识高涨,在审美观念和审美生活领域形成了一种特别明显的传统,影响着中华美学精神的最终确立。苏轼文人集团宣扬"士人画"精神,正是这种审美传统的代表。这些文人参与艺术创造,不过他们不像画工那样精雕细琢,而是以游戏般的态度任兴为之,这与他们超然物外的人生境界有关。他们高扬自然天真的理想,突破艺术门类限制,要求绘画和园林充满诗意,或以草隶奇字之法作画,或以画法为书法、小说之法。他们提倡超逸不群的士气,表现特立独行的精神,要求艺术家弃绝甜俗蹊径,不落匠人习气,不囿于成规习法,至于艺术本身的技法和价值,并没有引起他们太多关注。这是诗意化的人生境界在审美领域的体现。

在中华美学领域,历代都有很多文人坐吟林泉、笑傲江湖、对酒当歌、开怀咏叹,并借助各种雅集活动,以文会友、酬唱抒怀,使性情舒卷、精神愉悦,从而获得存在的感悟,也伴随着诗意化的人生境界。他们仰观俯察,静参宇宙,或纵浪大化或向往林泉,驾一叶扁舟,在天地之间悠游。这是诗意人生的流露,表达出不甘流俗的志趣,映现出超越世俗生存的审美理想。

把宇宙之间、生活世界的事物与审美活动联系起来,并加以深情玩味,这是一种带有普遍性的审美现象。松涛阵阵、清流泠泠、滩声入耳、风琴入怀。清音雅韵满耳,胜似玉管朱弦。这种自然之音符合文人的生活情趣,契合他们的精神理想,从而成为他们审美境界的组成部分。微风、细雨、野径、纤草、藤蔓、枯木、飞鸟、牧童、远山、细流……无不是意境悠淡的水墨画卷。生活世界的自然景物和恬淡风光为人的栖居添加了诗意,也使人真切地感受与他者的彼此关联,体验自我与世界的和谐共存。在这种本原一体的共存关系中,形成了一种不同于生存理性的新的关系,这种新的关系就是审美关系,人成就了自身,世界的意义也得以敞亮,万物因而变得活泼,充满情趣。他们欣赏自我,珍重当下,以同情的眼光观照世界，使世界有情化、诗意化，赋予普通事物以艺术同等的地位，甚至是更高的价值，这也是在张扬审美化的人生境界。

陶潜抚弄无弦，王羲之兰亭雅集，林逋梅妻鹤子，苏轼把酒问天，米芾拜石称兄，李渔闲情偶寄……对诗意人生境界的追求可谓代不乏人。琴棋书画、诗酒人生、休闲娱乐、赏玩之风，成为文人诗意人生的基本内容。这种诗意人生不是神秘主义，也不是贵族的特权，它往往体现在平常的、细微的生活当中，需要人们以审美的眼光和诗意的态度去发现。王羲之说"群籁虽参差，适我莫非新"（《兰亭修禊诗》），苏轼说"何夜无月、何处无竹柏"（《记承天寺夜游》），都强调生活世界蕴含着丰富的审美因素，因此，应和天地自然的生命节律，感受天籁般的美妙音符，表达宇宙人伦生生不已的精神，就是很高的审美境界，《乐记》说"大乐与天地同和"，大概也是对这种天地境界的默然兴许。

第九章　画者，画也

中国古代的"文人画"是关于人文的绘画。它认为，绘画不是涂抹形象的工具，而是体验生命真实意义的途径。因此，文人画的表达，不是概念的推理，而是一种在体验中涌起关于生命的沉思过程。它强调丘壑、笔墨与气象的融合，追求对形式之外的意境的传达。

中国古代文人画经历了一个不断发展的过程。谢赫的"六法"理论表明，中国古代绘画具有以构造为基础（重形）和以用笔（重笔）为基础的两类结构方式。唐末五代画家荆浩在《笔法记》中提出"搜妙创真"命题，对于何谓"艺术的真实"，提出了自己的见解，他通过对表现"图真"之"笔"的重视（重笔），对文人画的蕴含表现性动作的"美的线条"与画工画的描画性线条做出了潜在的、性质的区分，为文人画的发展奠定了基础。唐宋以来"逸品为上"绘画评价标准的形成，意味着文人画理论的基本

第九章 画者，画也

确立。随着文人画理论的确立和发展，用"笔"（重笔）的地位逐渐高于构造（重形）。以此为基础，中国画形成了"图式化—打破图式化"这一循环的图像书写方式；也产生了两种美（形式美和展现作画动作的表现美）、两种真（现实的真与艺术的真）。也就是说，面对中国古代绘画传统，"继承"，即在一定程度上将传统中的经典图式不断程式化，并利用程式化进行艺术创作（如清代画家王原祁）；而推崇"革新"或"创新"，就是打破经典图式的程式化表现（如清代画家石涛），创立新的经典图式并逐渐将其程式化。

因此，我们可以认为，明清以来文人画的发展，体现了图式化——打破图式化这一永不停止的矛盾运动过程。总体而言，图式化或程式化追求作品的形式美，它主要表现在对画面形势位置的布局和安排；而连续的、展现画家的表现性动作，则将给绘画作品带来力度、气势和韵味。前者或多或少与书写功能有关，后者则与画家书写的自我表达的冲动、表现性动作的整体性密切相关。①

---

① 高建平：《中国艺术的表现性动作——从书法到绘画》，安徽教育出版社2012年版，第365—379页。

一　搜妙创真

荆浩在《笔法记》中提出了"搜妙创真"命题。他认为，艺术创造是画家抽取所搜素材的真精神，从而创造有生命感染力的艺术形象的过程。因此，艺术家应该以笔墨描写客观对象的本性，揭示艺术的真实，成为世界的发现者；而非以笔墨模仿客观对象的外在形态，记录现实的真实，成为世界的记录者。它将对艺术对象本性的思考（"思"），以及表现画家思考的笔墨（"笔"）抬到了很高的位置，开启了中国画重笔墨意趣、重品位境界的文人画发展方向。

画家如何"搜妙"以达到"创真"（即创造艺术的真实）的目的？《笔法记》中提出了"气""韵""思""景""笔""墨"这"六要"：

> 气者，心随笔运，取象不惑。韵者，隐迹立形，备仪不俗。思者，删拨大要，凝想物形。景者，制度时因，搜妙创真。笔者，虽依法则，运转变通，不质不形，如飞如动。墨者，高低晕淡，品物浅深，文采自然，似非因笔。

第九章　画者，画也

根据《笔法记》中其他的段落可知，"气"与"韵"、"思"与"景"、"笔"与"墨"可分为三个不同的层次：有"气"、有"韵"之作为"神品"（最高品第），这是画家"忘笔墨"（即"心随笔运""隐迹立形"）后得的"真景"；有"思"、有"景"之作，显示了画家对物象本性的思考（"明物象之源"），有"真思"，又有笔墨，它就是"妙品"；无"真思"、有笔墨之作，被定为"奇品"。在这里，画家的艺术思考（"思"）、笔墨的运用（"笔"）成为两条重要的艺术评价标准。

"艺术的真实"是艺术家以生活真实为基础，融合自己对人生、世界存在方式和意义的思考而创造的。因此，艺术之"思"，就是《笔法记》中的"度物象而取其真"。荆浩说：

> 画者，画也，度物象而取其真。物之华，取其华，物之实，取其实，不可执华为实。若不知术，苟似可也，图真不可及也。

大意是说，所谓"画画"，就是描画（表现）物体的真实存在状态。这种描画，要求画家思考物体的本性，如果仅限于依样模仿，会让人觉得虽然画得"像"，但不"真"，因为画面缺乏感人的艺术力量。在荆浩看来，"图似"是外在形貌的相似("像"),"图真"是内在精神的相似("真")。宋元以后,画家将追求外在形似的画法称为"写实",而将忽略外在形似、追求内在精神相似的画法称为"写意"。

《笔法记》中对于"艺术的真实"的看法与唐代水墨画兴起的时代背景关系密切。中唐时已有"运墨而五色具"(即浓淡层次丰富的墨色之美能超越五色之美)的说法,有画家以泼墨法、破墨法作画的记载,也有《笔法记》中"夫随类赋彩,自古有能,如水晕墨章,兴我唐代"这样自豪的总结,而在此之前,盛行的是金碧辉煌的青绿装饰画风。换句话说,它显示了青绿山水画让位于水墨山水画的时代特点,也显示了当时审美风尚的转变,即中唐以前,中国画追求镂金错彩之美,如顾恺之的作品,色彩富丽,追求线条的流动外,也追求色彩的流丽繁缛。中唐之后,随着道禅哲学的流行,对"无色"为"绚烂之色"思想的推崇,使绘画从重视形色富丽的青绿变为重视水墨的艺术形式。[1] 其后,经过宋元文人画家对水墨形式的探索、发展和推崇,水墨画逐渐占据了中国画坛的主流。

在文人画家的思想中,用颜色和用水墨相比,用水墨更能表达画家对万物本性、绘画真性的理解。基于这样的思想,清

---

[1] 朱良志:《中国美学十五讲》,北京大学出版社2006年版,第173页。

第九章 画者，画也

初书画理论家笪重光在《画筌》中说："丹青竞胜，反失山水之真容；笔墨贪奇，多造林丘之恶境……盖青绿之色本厚，而过用则皴淡全无……当知无色处之虚灵。"这段话主要强调，如果画家创作时涂红抹绿，容易拘泥于眼中的"自然的真实"，而失去心中的"艺术的真实"。因为红色、绿色等颜色较为厚重，会掩盖塑造山石质感的"皴法"（用毛笔在纸上轻轻拖出的淡淡的墨线、墨痕），会将欣赏者的视线引向浓艳的色彩，忽略淡墨晕染处、"无"处（空白处）的韵味。而在文人画家看来，正是画面的"无"处，增添了画面"有"处（非空白处）的笔墨和形象意蕴。因为"无"中蕴含无限"有"的欣赏的可能性。

当水墨画的"无色"之美、淡墨皴染处的"渲淡"之美成为画家主要的关注点时，绘画造型中对用笔质量的追求，也就是创造"书写性线条"（即"美的线条"）自然而然就成为一条重要的评价标准。在这条标准的形成过程中，元初书画家赵孟頫倡导的"以书入画"起了关键的推动作用，随着时间的推移，它构成了中国文人画的书画结合的特质。

这种具有书写性特征的"美的线条"到底美在哪里？首先，它是手工而不是界尺或其他辅助工具画出来的，它有起始、空间，异于平面的几何线条或线段。其次，这种线条也许粗细不一,但其中蕴含了书写者的起笔、运笔、收笔动作,线条的疾涩状态,又能流露出书写者的情绪、思考等,由此,看似静止的线条承载了书写者的思维、身体的运动过程。因为这种运动发生于时间之中,于是,存在于空间中的线条就有了时间的维度。也就是说,美的线条是由画家徒手画出的,这种线条之美与汉字的书写笔顺、笔墨纸砚等密切相关,更重要的是,画家书写时的速度、力度、提按、转折等的节奏处理,使之获得了新的美感,而且,"它让画家超越了个体存在的有限性"[①]。

可以看出,《笔法记》中的"搜妙创真"命题通过强调蕴含画家对万物之"思"的"图真"论,为文人画的"写意"与画工画的"写实"区分作出了理论上的铺垫;又通过对表现"图真"之"笔"的重视,为文人画的蕴含表现性动作的"美的线条"与画工画的描画性线条做出了潜在的、性质上的区分,为文人画的发展奠定了基础。

二 逸品为上

《韩非子》中有一个这样的故事:有位画家为齐王作画。

[①] 高建平:《全球与地方:比较视野下的美学与艺术》,北京大学出版社2009年版,第190页。

齐王问他:"什么最难画?"答:"狗和马。"齐王又问:"什么最容易?""鬼魅。"为什么呢?画家解释说,狗、马和人的生活非常密切,人们对它们的外貌形态、习性等非常熟悉,画得好不好很容易判别,而鬼魅无形,谁也没有真正见过,无所谓"像"与"不像"。这个故事提出了"形"难以描画的观点以及"形似"的评价标准。

北宋欧阳修在《题薛公期画》中却反驳说:"善言画者,多云鬼神易为工。以谓画以形似为难。鬼神人不见也,然至其阴威惨淡,变化超腾而穷奇极怪,使人见辄惊绝,及徐而定视,则千状万态,笔简而意足,是不亦为难哉?"意思是,从形似的标准看,鬼神无形,似乎最容易画,其实,与画狗和马的形模相似比,能画出鬼魅的阴深、威严、惨烈、神变等的感觉(神似)是最难的。他在这里又指出了"神似"的标准。

形神问题是中国古代书画美学的一个核心命题。它论述了书画艺术与客观世界、画家这三者之间的关系这一根本问题。书画中的形神关系,大致有以形写神、形神兼备、重神轻形、超越形神几种。其中,"逸品为上"是唐宋以来书画美学中"重神轻形"思想发展的必然产物。作为文人画品鉴的主要标准,它强调在艺术鉴赏中,审美对象具有超出形式之外的意味。

逸、神、妙、能"四品"说，集中反映了唐宋以来书画美学中"重神轻形"的思想传统。这一学说起源于唐代，在北宋时期得到进一步丰富和发展。唐代书画理论家张怀瓘在《书断》中提出了神、妙、能"三品"的品评标准，将技巧上精确摹写客观对象的形似之作评为"能品"，将神妙莫测、超越精确技巧之作称为"神品"，介于两者之间的，定为"妙品"。唐代朱景玄《唐朝名画录》中以张怀瓘的"三品"说为基础，新增"逸品"，形成了著名的"四品"说。对于如何理解"逸品"，北宋黄休复在《益州名画录》中解释说：

> 画之逸格，最难其俦。拙规矩于方圆，鄙精研于彩绘。笔简形具，得之自然。莫可楷模，出于意表。

这段话中，有三个重点：一是"逸品"有不合规矩（超越法度），不求形似（超越写实）的特点，它悠游于法度之外，徘徊于有无之间；二是逸品之作虽然笔墨、构图等都很简单，但韵味无穷（"笔简形具"），还有"象外之象"（"出于意表"）的特点；三是逸品不能依靠理性的知识来习得（"莫可楷模"），它不可学，只可悟（"得之自然"）。

中国古代书画艺术中，存在"可见"和"不可见"两个世界。前者表现在艺术作品的色彩、线条、结构等方面；后

第九章 画者，画也

者隐藏在艺术形象之中。从广义的角度看，前者是"象"，后者可称为"象外之象"。"象"是使欣赏者进入艺术世界的引子，"象外之象"是美的本源，是"象"的意义的决定者。[①]总体而言，一个艺术形象如果具有"象外之象"的特点，就会有"味外之味"的审美特征。如果以"味外之味"为艺术评价标准，则必然有"逸品为上"的结论。由此可见，"逸品为上"与"味外之味""象外之象"是紧密结合在一起的。

问题是，怎样理解书画艺术作品的"味外之味"？它是如何产生的？南朝文学理论家刘勰在《文心雕龙·隐秀》中指出，艺术作品的"味"是从作品的"隐秀"特征而来。什么是"隐秀"？刘勰说："隐也者，文外之重旨也；秀也者，篇中之独拔者也。隐以复义为工，秀以卓绝为巧。"我们再根据宋代张戒引用的《文心雕龙》佚文"情在词外曰隐，状溢目前曰秀"可知，所谓"隐"，是深藏不露的意思，它指作品中隐藏在形象内部的深远意蕴；"秀"则是指作品生动的形象描写所具有的卓越绝伦之感。欣赏者从"可见"世界的艺术形象之"秀"（卓绝），进而领会到"未见"世界艺术形象背后的"隐"（深远意蕴），也就体会到了艺术作品的"味外之

[①] 朱良志：《中国美学十五讲》，北京大学出版社2006年版，第159页。

味"。因此,"味外之味"是由欣赏者和艺术创作者共同创造的,它交叠存在于"可见"世界和"未见"世界之中。

中国古代绘画史中,元代画家倪云林是"逸品"的代表人物。对于自己的艺术创作,他在《清閟阁全集》卷十《答张藻仲书》中有一段著名的论述:

> 图写景物曲折能尽状其妙趣,盖我则不能之。若草草点染,遗其骊黄牝牡之形色,则又非所以为图之意。仆之所谓画者,不过逸笔草草,不求形似,聊以自娱耳。

倪云林的意思是说,在别人眼里,作画要能画什么像什么,在他看来,画画也就是自娱自乐的工具而已,谈什么像与不像?他明确地将绘画区分为:精微描写景物外在形貌与"逸笔草草"表现景物内在神采为两种类型,以及娱目("图写景物")与娱心("聊以自娱")两种功能[①]。而正是对"娱心"的强调,绘画成为他表达思想、呈现生命困境、寻求解脱的一种手段,从而使他的绘画语言具有了独特的艺术韵味,也使他的艺术形象背后隐藏了深刻的思想和智慧。

---

① 蒋志琴:《倪云林模式及其相关问题探究》,《河北青年管理干部学院学报》2015年第2期。

因此，以"逸品为上"，显示了中国古代文人画重品的基本特征。这一特征的形成，基于这样的理论基础："可见"世界艺术形象的塑造，可以通过固定的技术性操作完成，如怎样用毛笔勾勒山石是有基本程式的，而"不可见"世界艺术形象的创造，综合了艺术家无形的智慧和人品境界，如用同样的程式或不用程式画出山石之外的意味，即画出了有文化内涵、品格境界的山石，让人看后能有所思、有所忆。这样一来，山石就不再是山石本身，而被附加了山水之外的文化意蕴。它还有一个传统的因果论证，即"人品既高，气韵不得不至"，或画（书）如其人，因为心正则笔正。

三　龙脉与位置

画家王原祁的"龙脉"与石涛的"一画"，代表了清初文人画发展的两种方向、两类艺术创作原则、两种绘画美学类型。"龙脉"说以师古为方向，以"仿古"为方法，推崇绘画中的理性精神；"一画"则以创新为方向，强调"用我法"，重视感性的自由抒发。王原祁在《雨窗漫笔》中提出了画学"龙脉"说，他这样写道：

  画中龙脉、开合、起伏，古法虽备，未经标出。石谷

（王翚）阐明后学，知所矜式，然愚意以为，不参体、用二字，学者终无入手处。龙脉为画中气势源头，有斜有正、有浑有碎、有断有续、有隐有现，谓之体也。开合从高至下，宾主历然，有时结聚，有时澹荡，峰回路转，云合水分，俱从此出。起伏由近及远，向背分明，有时高耸，有时平修敧侧，照应山头、山腹、山足，铢两悉称者，谓之用也。若知有龙脉而不辨开合、起伏，必至拘索失势；知有开合、起伏而不本龙脉，是谓顾子失母。故强扭龙脉则生病；开合逼塞、浅露则生病；起伏呆重、漏缺则生病。且通幅有开合，分股中亦有开合；通幅有起伏，分股中亦有起伏。

理解这段话，可以在三个层面展开：一是画学"龙脉"是古法，理解这个古法，需要借鉴理学的理、气关系（本体与现象）的思维方式；二是画学"龙脉"是理（本体），"气势"是气（现象），"母生子"是"理"（本体）生"气"（现象）的另一种说法，也就是"龙脉"生"气势"；三是"气势"产生于画面的开合、起伏等形式章法之中。由此，绘画中的理性精神得到了最大限度的彰显。综观王原祁的画论，他的画学"龙脉"说是以"气韵"（"龙脉"）为本体，以"意在笔先"为画诀，以"布楷法"为文人画的创新途径，以

第九章 画者，画也

写山水"理趣"为目标，以"刚健含婀娜"（阳刚之美）为文人画的神品。他极端鄙视逼真摹写现实山水的形似之作，特别强调对古人、古法（如笔墨技法、设色位置等）的极力仿效，并将能以自己的笔墨表达古人的思想、情感，从而达到与古人精神相契合为最高境界。它代表了明清之际文人画形神问题的主流立场，影响了整个清代绘画的发展方向，在中国古代书画美学史上具有重要的地位和意义。

王原祁的"龙脉"与传统的"气韵"概念接近，即画面感人的风神韵致，但突出了儒家的"生生"[①]这一层含义，显示了宋明理学对清初画学的影响，也突出了当时文人画重视法度形式的时代审美特征。王原祁之所以没有直接使用传统的"气韵"概念，除了以上原因外，与他对当时将"气韵"视为由墨的浓淡所生的感觉的批判立场有关。此外，画学"龙脉"与风水"龙脉"概念相比，相似之处在于，都强调"生"，即画中山水、现实山水各元素之间有母生子（本源与生成物）的关系，这种关系隐含在山水各元素之间的尊卑、宾主、聚散等形式章法、结构位置之中。但画学"龙脉"的独特性也很明显：首先，它立足于艺术创造，主

[①] 所谓"生生"，中国哲学中主要有三层意思：一是滋生化育，由生化生；二是相连，生生相禅，无稍断绝；三是永恒，生而又生，生生不息。参见朱良志《中国美学十五讲》，北京大学出版社 2006 年版，第 63 页。

要解释画家如何运用"仿古"模式进行艺术创新的方法问题，而所谓"仿古"模式，就是竭力模仿古人、古法中的笔墨技法、题材、意境等的一种艺术创作方式。其次，它强调"气韵"在画面的统帅地位，这种统率以"气势"为具体呈现，而"气势"又可以落实到画面山水、树木、屋宇等元素的开合起伏、宾主聚散等动态结构关系之中。这样一来，绘画成为画家借助古人的笔墨、造型等绘画语言工具，运用开合、起伏、聚散等形式法则的艺术活动，画家的艺术创造也主要体现在对法度、形式、位置等的灵活运用上，这也导致了绘画的形式化、程式化趋势。

以王原祁为首的清初画家将画学"气韵"（"龙脉"）的获得紧密联系于画面笔墨位置、章法结构，并将章法结构具体化为开合、起伏等法则的做法，与自明代书画家董其昌以来抬高"气势"地位的传统有关。董其昌是王原祁祖父王时敏的老师，他把"势"（主要指书画各要素之间的运动关系、方向感等）视为书画艺术的核心，认为抓住"势"，就领会了古人的精神命脉[1]，因为"势"体现了古人的书画精神，显示了书画内在的结构和秩序，而这种理性的结构和秩序，

---

[1] 蒋志琴：《王原祁"龙脉"说研究》，江苏人民出版社2012年版，第96页。

第九章 画者，画也

又可以从具体的开合、起伏等形式法则中得到领会。

至此我们可以看出，作为画坛领袖人物，董其昌、王原祁都在思考文人画的形神关系、特质等问题。这也是文人画发展至明清时期，画家和理论家需要面对的重要问题。就形神关系而言，画学主流鄙视画工画的形似之作，抬高体现笔墨趣味、形式章法的神似之作。而所谓"神似"，是神似于古法，法度所蕴含的理性精神得到了更深层次的彰显。在董其昌、王原祁等画家的心目中，文人画是一门综合诗文、书画等的艺术。作为一门综合艺术，它的创新途径也就主要体现在如何综合（从哪个角度进行综合），从而达到创新的目的。文人画的诗画结合特质意味着，画面、画外的诗意表达是画家需要重点关注的，而画外之意的产生，从语言学的角度可以理解为让笔墨获得多义或歧义的效果，从哲学的角度可以理解为如何让有限的笔墨表现无限的意蕴，其中，"隐"（如惜墨）的深藏不露是一条重要的法则。关于作品能否有画外之意、象外之象，他们又追溯到画家基于文学的艺术修养，基于人格的德性高低等。文人画的书画结合特质则意味着，笔墨自身的性质（尤其是"美的线条"）、笔墨被附加的文化意蕴、运用笔墨者的思想和情怀等，都深深地渗透在书画艺术的理解和表达之中，艺术创作和艺术欣赏都成为一门需要学习的技巧。由此，文人画也就设定了"文化人"这一观看群体，进一步加强了文人画的文化性特征。

四 一画与妙悟

清初画家石涛在《画语录》中提出了绘画创作的最高原则——"一画"。这一原则特别推崇艺术的自由创造精神，堪称无法之大法。他说："太古无法，太朴不散，太朴一散，而法立矣，法于何立，立于一画。"意思是说，从逻辑而非时间上看，就艺术创造而言，由最初的"太朴"分出"一画"原则，再由"一画"原则分出万有法则（即各种创作方法）。《画语录》中还有类似的说法，例如，

> 古人未立法之先，不知古人法何法；古人既立法之后，不容今人出古法。千百年来遂使今之人不能一出头地也。师古人之迹，而不师古人之心，宜其不能一出头地也。

这段话主要针对当时画坛流行以"仿古"模式进行艺术创作的现象，批评他们不能师法古人的创造之心，反而斤斤于古代作品中的笔墨形式、结构章法等的错误做法。因此，作为批判工具的"一画"，是哲学和美学意义上的"一画"，不是

第九章 画者，画也

作为物质材料的一笔一画，也不是所谓的"道"，它凝聚着画家对生活之美的领悟，以及对生活之美的高度概括。正如朱良志先生在《石涛研究》中所强调的，石涛的"一画"之法，目的是建立一种从容自由、即悟即真的绘画大法。

"一画"之"一"，是一种天人、物我的和谐状态。这是画家泯灭主体与客体之分，不著有无，不落"边见"，回到物我、天人相合的和谐状态。与之相反，将自己视为主，将对象视为宾，则人与对象的关系是分离的、二元的。同时，这个"一"，也强调了艺术创造应如源泉活水，每一次创造都应该是艺术家内心的灵溪中涌出的一泓新泉，永不重复。①

禅宗、儒家、道家等思想，共同构成了"一画"的思想渊源，显示了三教圆融的时代特征。总体而言，石涛的"一画"理论，主要强调：（1）绘画艺术的创化之元，在当下即成的创造本身，不必外求于古人、古法。这与当时推崇"仿古"的画坛主流风气针锋相对；（2）绘画的根本认识方式是妙悟，妙悟的核心是回到世界中，以"蒙养"（领悟生活之美）建立"性"（本性、天性）的觉体，与世界成为物我合一的存在；（3）这是一种高扬纯粹体验境界的大法，推崇艺术

---

① "一画"是绘画的最高原则，不是绘画具体的法则，所以从线条、"道"等角度来理解和阐释容易出现偏差。参见朱良志《中国美学十五讲》，北京大学出版社2006年版，第7、23页。

家主体创造力的尽情发挥，极具现代性。正是因为这一点，石涛在艺术创作中，总是想方设法创造一切能表达自己独特感受的画法，其作品《搜尽奇峰打草稿》显示了这一特点。

石涛以"一画"为绘画创造的最高原则，清初书画家笪重光也曾以"一笔"为绘画原则，如他在《画跋》中有"千笔万笔当知一笔之难"，《画筌》中又说："妙在一笔，而众家服习不能过也。"他们都是站在哲学和美学的高度思考艺术表现的方法问题，将无法之法视为艺术创作的根本大法。然而我们知道，"无法""有法"只是一种比喻，真正的艺术创造应该舍筏登岸，超越有法、无法，进入一个绝对自由的境界。这是艺术的创造性问题。也就是说，艺术创造要表达自己内心深切、由衷的感受，画自己的画，不要成为被他人之法约束的奴仆。而艺术家不竭的创造力只有通过妙悟才能提取出来，妙悟的核心又在于回到世界中，让世界自在显现。

由此可见，"一画"之得，在于以"迹化"恢复人在这个世界中的真实位置，找到妙悟世界真实的方法，由此超越主客二分的模式，实现天人一体，物我同视，从而表现古典的"自然"之美。

这种古典的"自然"之美，在晋代陶渊明的诗歌中随处可见，如《饮酒二十首·之五》：

第九章 画者，画也

  结庐在人境，而无车马喧。问君何能尔，心远地自偏。采菊东篱下，悠然见南山。山气日夕佳，飞鸟相与还。此中有真意，欲辨已忘言。

  历代评论这首诗，都说不知道从哪里说起，诗中物我泯一，分不出心物的界限，一片心绪，不知着落在何处。诗中人与菊、与山、与鸟和谐地存在着，仿佛宇宙原本就是如此，日日如是，年年如是。何以如是，不可言说也无须言说。这种物我的和谐，就是一种最美的境界。这是天地间充盈着的大美，是宇宙一体、天人合一的大美。[1]

  此外，"一画"原则，体现了画家参与世界交流的规定性，也体现了画家对天地大美的妙悟和笔墨表达。而当画家回到物我相合的状态，以笔墨和身体参与世界交流时，能自然而然地将日常生活的记述进行艺术化的提升、转化，以蕴含丰富情感的笔墨语言传达出对人的存在状态、人生意义等的追问和回答。在这类画家的作品中，我们能从线条、色彩等笔墨语言中读出画家的身体和思想的运动轨迹，能体验到蕴含在作品中的独特的人文追求，能在体验中涌起关于生命的沉思和美的意识。

---

[1] 冯友兰等：《魏晋风度二十讲》，华夏出版社2009年版，第84—85页。

总之，形神问题是中国古代书画美学的核心命题。"逸品为上"，是唐宋以来书画美学中的"重神轻形"思想发展的必然产物，而唐末五代荆浩提出的"搜妙创真"命题，则开启了文人画重笔墨意趣、品位境界的发展方向。"逸品为上"绘画评价标准的形成，显示了文人画理论的基本确立。这一标准明确地将笔墨意趣、品位意境传达视为文人画的最高追求，由此也导致了文人画的图式化、程式化倾向。清初画家王原祁的"龙脉"与石涛的"一画"，分别代表了文人画的图式化与打破图式化的矛盾发展状态。这一矛盾发展至今仍在延续。

第十章　世情与俗趣

　　明代中晚期，由于经济发展，出现新的资本主义生产关系萌芽，在这一社会基础之上，美学的自然发展流程中也出现了所谓"异端"，具体表现为冲破儒学禁锢的重重樊篱，走向崇性灵、逐意趣、尚激情、纵享乐、轻雅正、倡通俗等与正统观念相悖的新潮流。论及这种新变，戏曲与小说美学理应占有突出位置。一代有一代之文学，唐诗、宋词、元曲、明清小说，这是谈到传统文化我们自然会例数的历史瑰宝。这种说法表明，到了明清时期，能够代表时代的，不是被奉为文学正宗的诗歌，而是小说，它取代诗歌，成了那个时代的符号。谈到戏曲，徐渭的"四声猿"、汤显祖的"临川四梦"，尤其是《牡丹亭》，常让人津津乐道。戏曲与小说存在共通性，它们都有广泛的欣赏群体，在雅俗二分中，都属于俗文艺，它们进入美学的视野，体现了明清以来新美学观念与价值的孕育。因此，我们把它们放在一道来考察美学走向近代的新趋向。

一　通俗文艺的勃兴

每个时代的思想文化，都由当时社会状况所决定，有怎样的社会，就会有与之相适应的思想。明代中后期美学新变的萌生，与当时社会血脉相连。简言之，中晚明时期，由于经济发展、商业繁荣、城市兴起，催生出雏形的市民社会，市民阶层的文化逐渐占据显著位置，由此给整个社会吹来一股清新之风，促成审美趣味通俗化、娱乐化的近代转型。

市民文化、市民文艺的繁荣，并非自明代始，宋人孟元老在《东京梦华录》中曾记载都城汴京商业和市民文化的盛况：勾栏瓦肆五十余座，大者可容数千人，瓦舍中货药、卖卦、饮食、令曲等无所不有；早有早市，晚有夜市，歌馆楼台，夜可继日。京瓦伎艺，李师师、封宜奴的小唱，任小三、张金线的傀儡戏，杨中立、张十一的讲史，王颜喜、盖中宝的小说，孔三传的诸宫调等不可胜计，观看者"不以风雨寒暑""日日如是"。张择端《清明上河图》更是为我们提供了一幅东京梦幻般繁华的史诗画卷。汴河边店铺林立、彩楼相对、旗帜相招，市民生活多彩多姿。在这种市井氛围中，新的艺术样式，如杂剧、平话等悄然兴起。这些新艺术娱乐性强、故事曲折、语言通俗，题材往往是一些佛经故事、野史传奇、爱情、公案等。

第十章　世情与俗趣

然而它们却并不被时人所重视。韩进廉在《中国小说美学史》里曾提及宋代一则笔记：苏轼为胡微之的传奇《芙蓉城传》配长诗《芙蓉城》，王安石见而技痒，挥毫奉和，却又说："此戏耳，不可以为训。"

然而到了明代中期，情形发生逆转。这与当时城市经济和商业繁荣以及由此引发的整个社会观念变迁直接相关。明朝立国近三百年，明初主要致力于战后的生产恢复，经过一百余年的社会承平和经济积累，到了明中期，社会经济达到前所未有的昌盛，出现了资本主义萌芽。农产品大量商品化，经济作物大量种植，脱离农业生产的单一手工业者大批出现，人口往往聚集在一个区域，形成市镇等。相较于前代，明代城市数量多，规模大，并有从封建城市向近代城市转型的迹象。人口过百万的城市有北京、南京、苏州、开封等，主要城市有50余座，小市镇则有数千个。工商业初具规模，出现工业区，如松潞纺织区、苏杭丝织区、芜湖染布区和宣山制纸区等。与之相应，国家政策也做出调整，鼓励经商。据史料记载，明朝政府在下发的劝农诏谕中，会鼓励农民农闲时经商。为保障流动到城市的商人和手工业者权益，国家还进行了户籍改革，除民籍外，增加客籍和商籍等。在经济洪流冲击下，社会阶层也出现新变。明人姚旅才曾提出"二十四民说"，即在传统"四民"（士、农、工、商）外，增加了医者、卜者、娼家、小唱、优人、杂剧、弈师、驾长等,新增之民,都属于不稼不穑之民,换句话说,都属于城市阶层类型。这意味着,随着经济发展,社会结构已发生深刻变革,市民阶层开始崛起。相应地,他们的文化、价值取向、审美趣味等必然会成为时代文化的重要组成部分。随着他们在经济上占有越来越多的主动性,在社会中发挥的作用越来越大,他们的文化选择自然也会走上历史前台。

相对于精英阶层对诗歌传统的热忱,市民阶层更容易接受的是通俗文艺。这种通俗性体现在两个方面:其一,从题材内容上来看,通俗指的是文艺再现的生活往往是百姓日常人生,这是因为市民阶层对国计关注少,却对民生喜闻乐见;其二,从语言形式上来看,多用白话,这是因为市民阶层受教育不多,对文言接受存在困难,在这种需求下,戏曲、小说等通俗性艺术样式受到青睐。不仅如此,艺术对于市民阶层而言,其意义和作用也与精英理念大不相同。中国正统艺术观是诗学传统,它基于士大夫的精英立场,虽以抒情为特质,但这种情,不是日常生活的世俗情感,而是"以一国之事,系于一人之本",是把国家大事借一人之口传递。这种诗学理念,强调精英对大众的感染和教育,体现士大夫的家国意识和忧患情怀。然而,市民阶层对这些宏大主题兴趣不大,他们更感兴趣的是娱乐性强的艺术品,对他们来说,诗歌里的家国忧思

第十章 世情与俗趣

与他们的世界有些遥远,读小说听戏,也不是为了受教育,而是对闲暇时光的打发和日常生活的享受。正是在这种氛围中,不同于正统观念的新美学旨趣逐渐诞生,通俗化取向浮出历史地表。

然而,仅仅是市民阶层喜爱,还不足以完全扭转社会的审美风尚,在这一过程中,文人的力量是不可忽视的因素。明代中晚期,社会人口激增,但科举名额并没有随之做大幅度调整,这就使当时的科举考试成了千军万马过独木桥,能中举者十分有限。很多人皓首穷经,也难金榜题名。这种看不到前途的科举制度使很多士子放弃通过科举改变命运的生存方式,改投他业,于是经商和转成职业文人都成为他们的选择。这带来明代突出的两种现象。其一,士商互动成为时代景观。很多商人出身儒门,这就使明代出现大批文化商人,他们促进了当时文化市场的繁荣,同时也提升了商人的文化层次和社会地位。其二,职业文人出现改变了艺术正统观念。这是因为,职业文人的创作,是一种面向市场的活动,他们的作品,不仅是个体性灵的书写,同时也需要考虑市场需求。当市场购买方(市民阶层)需要的是通俗化、充满趣味性、娱乐性的产品(作品)时,文人作为售卖方,只能提供符合需求的对象。

历史的书写是由文人知识分子完成的,因而在书写过程中,他们会自觉不自觉地依照自己所处处境来审视和思考世界，并将自身所处群体的行为合法化和崇高化。当文人市民化，成为商人或职业文人，他们也会很自然地为商人和通俗艺术辩护，提高其社会和文化地位。随着文人士子对通俗文艺的参与和认同，并从学理上论证它们的价值，审美趣味的近代转型在明代晚期变得清晰可见。于是我们发现，明代开始出现文人独立创作小说，整理民间歌谣，编纂传奇，评点小说、戏曲等现象，并且在明清文人的笔下，小说戏曲不再是宋人所认为的不足为训的游戏之作，而是经外别传，有补于世的精品。在这种情形下，传统文化中固有的雅俗二元对立观念被模糊，俗文化获得了新的定位。

雅与俗，从很早的时候起，就存在泾渭分明的界限。孔子曾说："恶郑声之乱雅乐也。""郑声"是指通俗音乐，"雅乐"则指庙堂音乐，"郑声"乱"雅乐"，一定程度上暗示了雅俗分野和对立。这种观念和价值判断一直贯穿于中国传统文化中。无论是音乐，还是其他艺术和文化样式，"雅"都属于精英和贵族，"俗"则属于民间和市民，"雅"意味着雅正、有品位和经典，"俗"除了意味着通俗、平民化外，还意味着品位低下、瑕瑜互杂。俗文化、俗文艺一直作为潜流在历史长河中流淌。然而，在中晚明时期，情形发生变化。商品经济的发展、城市的繁荣，使市民阶层和他们的俗文化进入历史的视野。原本属于精英阶层的文人也参与到通俗艺术的创作活动中，为俗张目，肯定俗的价值，认为通俗文艺与高雅艺术一样，源自儒家经典，是其变体，同样对民众和社会起到教育、感发和移风易俗的作用。并且俗文艺比高雅艺术更具有优越性，它更贴近百姓生活，通俗易懂，百姓更容易接受和理解。很明显，在晚明新的历史语境中，中国传统审美趣味高雅化方向的自然发展出现了拐点，对通俗文艺的重视和肯定成了新的审美选择，美学通俗化取向逐渐形成气候。

二 从庙堂走向民间

明代中后期美学通俗化取向的凸显，是由当时社会和经济状况所决定，然而这种凸显，其实又是一种整体性行为。也即是说，在社会和经济发生变革的基础之上，整个社会意识领域都会出现相应变化，各种变化间彼此呼应、相得益彰。晚明审美趣味近代转型的出现，是当时社会文化整体发展趋势的一个重要组成部分，与时代的政治、艺术、文学等方面的发展都有密切联系，尤其是与当时的哲学思想，关联更是紧密。明代的代表性哲学是阳明心学，它及其后发展出来的左派王学即泰州学派为美学通俗化走向提供了有力的理论支持。

明代哲学、美学以及文艺都是在中期之后逐渐崭露时代个性的。阳明心学就产生于这一时期。王阳明（1472—1529），名守仁，字伯安，号阳明，世称阳明先生。他是明代传奇人物之一，文治武功俱称于世，曾带领一群文吏和裨将小校剿灭巨寇，仅用时35日即平定宁濠之乱。然而由于当时朝政混乱，王阳明的仕宦生涯命运多舛，军功被冒领，廷杖使其几乎丧命，曾因直谏犯君下狱，贬斥贵州，还曾被迫闲居讲学。但正是宦海沉浮成就了独与天地精神往来的王阳明。据史料记载，谪居贵阳龙场驿时，王阳明中夜"大悟"，明格物之旨，心外无理，次年始论知行合一，晚年论"致良知"。这是阳明心学非常重要的三个方面。对格物致知的阐发是他与宋儒分道扬镳的开始，也是他哲学的立论基础，知行合一使其思想充满行动性，致良知是其晚年论学宗旨，也是知行合一精神的具体体现。随着阳明心学影响越来越大，他思想中包孕的近代维度被后来的继承者踵事增华，进而促成明代思想的转型。具体地说，可以阐发为如下几个方面。其一，他主张心外无理，理在人心。人皆有心，因而人人皆可达理和成圣。这种观念意味着一种转折，它取消了圣人与普通人的等级区分，暗示了社会关注重心的下移，即由社会上层转向民间大众，从观念层面肯定民众的价值。其二，心是本体，它具有道德性，是良知之心。人心具有良知，故而所行之事无不中理。心作为本源，是依据，因此心是真，是善，以此为基础，能够生发出重真心、真情的新维度；其三，吾性自足。因此，求理就不假外求，只需

第十章 世情与俗趣

修我即可。然而,传统士大夫的价值观念却是修齐治平,即实现内圣外王,而在阳明心学这里,很明显,他转向了内部,即价值实现不在外在的齐家、治国、平天下,而只在自我提升。这在一定程度上意味着放弃对外王的追求,而回归自我。这种对内圣的探寻与张扬自我等现代价值有相通之处,也是后来泰州学派王艮、颜山农、罗汝芳,及其后学李贽、袁宏道等人所竭力彰显的面向。其四,"内圣",即自我之修,包括修身和修心,阳明对心的强调,一定程度上使修身成了他思想的点缀品。这就能解释王阳明自己的行为,饮宴时必有妓女相伴,却并不妨碍成圣,因为心不动。对修心的强调,对修身的忽略,就使人缺少了外在约束,为明代文人行为上的大胆和放浪提供了理论支撑,为通向个性解放、自由等现代意识铺设了道路。

王阳明之后,所谓左派王学的泰州学派以及他们所影响下的士子,如李贽、"公安三袁"等,突出了阳明心学中拓民间、重心灵、崇内在自由的维度,打通"俗人与圣人、日常生活与理想境界、世俗情欲与心灵本体"[1]之间的界限,肯定日常生活与世俗情欲的价值,从而挑战了当时的正统观念和社会秩序。这种走向世俗人生,不再关注庙堂观念的代言人,最有力的倡导者便是李贽。在哲学上,李贽倡导"异端",反对

---

[1] 葛兆光:《中国思想史》卷二,复旦大学出版社2001年版,第317页。

迷信孔孟，反对以孔子之是非为是非。在美学上，他主张真心真情，提倡"童心"，反对人工和情伪。他指出，"童心者，真心也"《"绝假纯真，最初一念之本心"》，这种纯真的童心，是没有受到任何道理闻见影响的本心，是人的初始情感。道理闻见则指儒家正统思想，它们来自后天学习。李贽认为，正是这些道理闻见，使人成为假人，写出的文也是假文，如果欲使童心不失，则需防道理闻见的侵入，这是对儒家思想旗帜鲜明的批判。由美学而文学，在李贽看来，《拜月亭》《西厢记》是真文，是能夺天地之"化工"。这两部戏都在才子佳人模式中表现出追求自由的婚姻和爱情，反对封建礼法，反对等级制度等观念，又都属于通俗文艺。李贽对它们的肯定是对通俗文艺的肯定，也是对反封建解放意义的肯定，同时还是对民间及其审美趣味的肯定。

从王阳明到李贽，一条从哲学、美学到文学的世俗化、通俗化的近代思想启蒙线索被清晰勾勒出来。阳明心学放弃了对君主知遇的幻想，将希望寄托于民众，主张人人皆有良知，修道是反求诸己的过程，从而转换了哲学关注的重心，以心为本体，使中晚明之后的哲学把目光聚焦于对心灵的解读，对人人皆可为尧舜的向往，暗示出民众的价值。泰州学派的王艮、罗汝芳等人将哲学方向引向民间，认为"百姓日用即道"（《年谱》），"圣人之道无异于百姓日用"（《语录》），消除圣人与百姓之间的距离，肯定大众的世俗人生，歌颂"赤子之心"。李贽接过左派王学的价值观念，更进一步地从美学、文学等角度将这些观念普遍化、践行化，反对对儒家正统思想的执迷，反对文学和美学上的复古主义，肯定通俗文艺，甚至把《水浒传》称为忠义发愤之作，有国者不可不读。李贽之后，这条启蒙线索继续向前延伸。徐渭的"贵本色"，汤显祖的"至情"，"公安三袁"的"性灵""师心不师道"，李渔的描写情色，金圣叹的才子书，石涛的"法由我立"，曹雪芹的"情种"等，都不同程度地脱离了儒家正统规范的轨道，体现出个性解放、情的释放，从庙堂走向民间的近代倾向。

三 世俗人生的情与真

新的视野开启新的天地。明代从社会、思想界到文艺内部的各种变局，使精英文艺和美学观念陷入困境，然而危机也是契机，正是社会各个层面的转型为精英文艺汲取新资源提供机遇，倒逼精英阶层选择另外一种视角，重心下移，回到民间，重新思考艺术的真谛。这带来晚明文艺崭新的面貌。具体而言，随着正统美学观念和文艺式微，明清文人在小说和戏曲这两种通俗艺术样式里发掘出艺术发展的新路径，进而也将它们带入新境界，不仅促进了小说戏曲在创作上前所未有的繁荣，而且在理论话语方面也颇有建树，共同表征了美学的近代性。

无论是小说，还是戏曲，都不是明清时代的新发明。就小说而言，东汉时期，班固在《汉书·艺文志》中已经对小说做过颇有影响的探讨："小说家者流，盖出于稗官，道听途说者之所造也。"当我们追溯小说的发展时，常会提到先秦神话、魏晋志怪、唐传奇、宋话本等。就戏曲而言，王国维考证，戏曲源自俳优，但二者有区别。俳优"以歌舞及戏谑为事"，汉代之后间演故事，而能够"合歌舞以演一事者"，肇自北齐。这是戏曲的萌芽状态。唐有参军戏，宋有滑稽戏，金有院本，元有杂剧。然而，只有到了明代，这两种艺术才大放异彩。虽然在金元时期，戏曲已经成熟，出现了著名的董解元《西厢记》诸宫调、"荆刘拜杀"、高明《琵琶记》、关汉卿《窦娥冤》、王实甫《西厢记》等，但主要是北曲繁盛，南曲为主的传奇并不完备，明代则是南北曲并驱发展，因此从戏曲形式上来说，明代戏曲日臻完善。还值得注意的一点是，无论是小说，还是戏曲，我们今天所能看到的明前作品，基本上都经明人整理。戏曲自不待言。明太祖朱元璋非常重视戏曲，责令有司整理修订，元刊杂剧全本成于晚明。小说，四大名著中的三部，《三国演义》《水浒

第十章 世情与俗趣

传》《西游记》，明前或口头流传或部分形诸文字，但都成熟于明人之手。明代是小说的时代，这不仅体现在文人长篇小说的出现上，不仅体现在前代小说的整理、编纂上，同时也体现在戏曲的"小说化"上。随着商业繁荣，明代真正进入了印刷时代，小说钞本流传模式被大量印刷所取代，本来供表演参考的戏曲脚本，也借助大量刊印获得更加广泛的流传。这在一定程度上改变了戏曲的存在方式，使之向小说靠拢。在这种文化语境下，明清文人透过小说戏曲，将自己的价值诉求表达出来，成为一个时代的标志性景观。在这种价值诉求中，对"情"与"真"的探索最为突出，并且，这种"情"与"真"与对世俗人生的肯定紧密联系在一起，从而为之注入了新的意义。

对"情"的思考。在明清文人的笔下，"情"是本体，是构成天地人"三才"的基质。天地有情，故而生万物，万物有情，故能生生不息。不仅宇宙有情，人亦有情。"人生而有情""人生堕地，便为情使"。因此，"情"是成人的肇端，人生由有情开始，有情是人之所以为人的特质。艺术作为人性灵的产物，处处显现的是情。戏曲小说最美处，正在于对情的书写。汤显祖叹《牡丹亭》："天下女子有情，宁有如杜丽娘者乎！梦其人即病，病即弥连，至手画形容，传于世而后死。死三年矣，复能溟莫中求得其所梦者而生。如丽娘者，乃可谓之有情人耳。情不知所起，一往而深。生者可以死，死可以生。生而不可与死，死而不可复生者，皆非情之至也。"[1] 杜丽娘为情死，又为情复生，是《牡丹亭》最为生动之处。李渔也认为，戏曲之美在于情。然而，这种情，与正统诗学观念的抒情传统有别。正统诗学观所抒之情，是借个人之口，书家国忧思，因而具有社会性和集体性。但明清文人视野中的情，是日常生活中的私情，是世俗人生的儿女情长，是爱情，也是激情，甚至是自然情欲。这种情，带有强烈的个性解放色彩，一定程度上是对封建礼教的挑战。杜丽娘眼中，没有家国等集体性情感，只有灵肉交织的爱情。《金瓶梅》里，几乎没有正常的情爱，更多的是人的自然欲望。《浪史奇观》以情欲结篇，说尽主人公梅彦卿一生韵事。这种书写方式直接是对"发乎情，止乎礼义"正统观念的突破。

对"真"的思考。明人对"真"的思考，也是由人及文。李贽认为，真人方能做真文，因此真人是前提，他提倡"童心说"，诗化初心。受他影响的袁宏道提出"真人"，这种人"无闻无识"，没有受到礼教闻识的浸染，没有理障，故能发真声。真人发真声，才有真文。董其昌说："凡文章

---

[1] （明）汤显祖：《汤显祖全集》，北京古籍出版社1999年版，第2册，第1153页。

必有真种子"①，真是文章的主宰。冯梦龙自诩其文章只有一字过人，那便是真。这种真包含多个层面。在历史演义类作品里，这种真是指事真，即以历史事件为依托，在此基础上敷衍，有据可查。如《三国演义》，实写帝王实事，真实可考。在虚构类作品里，这种真是指理真，是指作家的想象要符合人情常理。世情类作品自不必言，本就是对日常生活的书写，自然会以符合人情世态为准。即使是像《西游记》这种神魔小说，神魔妖怪的生活情态也与现实生活相类。例如阴间崔判官的营私舞弊，如来佛的亲戚为非作歹，猪八戒好色贪吃，唐僧胆小怕事、懦弱啰唆等，都是在作家构建的奇幻世界中曲尽人情世态。真还指自然真实。艺术究其实是人想象的产物，是人的创造，在人工处不见人工，巧夺天工，就是自然，也是真实和真挚的表现。金圣叹夸赞《西厢记》是"天地妙文"，并非《西厢记》真由天地创造，而是自然真实，看不出雕琢的痕迹。贺贻孙说："大文必朴，修词立诚。朴诚者，真之至也。"真正的"真"，是朴质，是自然，是真纯。

"情"与"真"，作为两个重要范畴，二者只有结合在一起，才能使我们对明清文人的思考有完整的认识。由"情"

---

① 北京大学哲学系美学教研室编：《中国美学史资料选编》，中华书局1981年版，下册，第149页。

看，是真情，由真观，是情真。在小说和戏曲世界里，表现的"情"，有真情，追求的真，有情真。冯梦龙整理过俗俚歌调，他指出，由于诗坛尚雅，民间流行歌谣无法被收录，然而这些歌曲虽属于郑卫之声，但表达的感情却十分真挚，是性情之响，因此有整理收录的价值。章学诚认为："凡文不足以动人，所以动人者，气也。凡文不足以入人，所以入人者，情也。气积而文昌，情深而文挚，气昌而情挚，天下之至文也。"[①] 真正的好文章，是情意深挚，有感染力的作品。

在对小说戏曲的理论探索中，明清文人一定程度上突破了美学正统观念对他们长久以来的束缚，没有让艺术生于民间、死于庙堂的命运重演，而是依据俗文艺固有的特质来思考，肯定通俗化带给艺术的新生命力，肯定世俗人生本身的诗意。他们欣赏小说戏曲世界里的"情"与"真"，比背负着沉重历史文化包袱的高雅艺术更自然，更诚挚，虽然通俗，但俗得生动，俗得活泼，俗得有趣，给艺术发展带来新曙光。

四　文人劝世情怀的延伸

小说戏曲进入历史的视野，与明清文人的介入有直接联

[①] 叶瑛：《文史通义校注》，中华书局1985年版，上册，第220页。

第十章 世情与俗趣

系。文人士子借助自身享有的话语权力,使俗文艺在美学中占有一席之地。然而,也恰是因为文人的介入,他们与生俱来的精英文化情绪,必然会影响到对俗文艺的理解,因此俗文艺在进入美学视野时,虽然仍旧沿着自己的轨道独立发展,但也不可避免地被点染上精英文艺的色彩。

明代统治者从蒙元手中接过政权,为确立合法性,文化上推行复古主义,崇尚"存天理、灭人欲"的朱熹理学。文坛与之相应的是前后"七子"的复古主义,他们主张"文必秦汉,诗必盛唐"。在这种纲领引导下,精英文学就像"摹临古帖",到处有"古人影子"。复古主义使文坛死气沉沉,假声假文。这种情形下,一些渴望突破的文人选择"异端",从心学、民间等多个视角寻求突围。小说戏曲被挑选出来,它们固有的乡土气息、大胆、自然、率真的情感表达方式,成为医治已经变得虚假的精英文艺的一剂良药。

当俗文艺被视为精英文艺的良方,一定程度意味着它被转换成精英话语的延续。于是我们看到,文人士子在俗文艺中开掘出的,仍然是正统美学观所需要的价值。他们肯定俗文艺情感真实、自然,对生活的再现生动活泼,甚至是经典的延续。李贽的观点比较有代表性。在他看来,"《六经》《语》《孟》,乃道学之口实,假人之渊薮也"(《童心说》)。《六经》《论语》《孟子》是假人假文的源头。反之,"诗何必古选,文何必先秦。降而为六朝，变而为近体，又变而为传奇，变而为院本，为杂剧，为《西厢曲》，为《水浒传》，为今之举子业，皆古今至文"[1]。诗文不必尊古，质文代变，六朝诗文、近体诗，乃至传奇、院本、杂剧等戏曲样式、小说等，都是好文章。肯定俗文艺由经典衍变而来，就为文人们可以从传统美学观念审视俗文艺提供了合法性。他们的阐释活动，也恰好能够证明这一点。汤显祖认为，戏曲"可以合君臣之节，可以浃父子之恩，可以增长幼之睦，可以动夫妇之欢，可以发宾友之仪，可以释怨毒之结，可以已愁愦之疾"[2]。戏曲用生旦净丑几个角色，演尽世间离合悲欢，教化百姓，使君臣相和，父子相洽，长幼相亲，夫妻相顺，朋友相敬，疏导怨愦愁闷之情。汤显祖对戏曲功用的这种表述方式，是自《毛诗序》以降儒家诗教观念最传统的表达模式。犀脊山樵评价《红楼梦》："其词甚显，而其旨甚微，诚为天地间最奇最妙之文。"[3] 西湖散人评《红楼梦》："善善恶恶，教忠作孝，不失诗人温柔敦厚本旨。"[4] 词显旨微是春秋笔法的另一种表述，温柔敦厚是儒家诗教规范之一，这都是用正统诗学观念解读俗文艺。

---

[1] （明）李贽：《焚书 续焚书》，中华书局2011年版，第149页。
[2] （明）汤显祖：《汤显祖全集》，北京古籍出版社1999年版，第1188页。
[3] 朱一玄：《明清小说资料选编》，南开大学出版社2012年版，下册，第663页。
[4] 同上书，第669页。

第十章　世情与俗趣

之所以会出现这种情况，与文人士大夫传统有直接关系。自先秦时始，中国士阶层就具有了自己的特征，用余英时的话来说，就是"过问凯撒的事"，即关注和参与整个社会的管理和建设。在这种文化观念里，文学和艺术不是个人独白，而是有着明确的道义责任。作为道统和文统的掌握者和引领者，士大夫需要借助文艺实现他们对社会秩序的规划。于是在中国传统艺术观念里，工具论取向一直是比较突出的面向，文艺是教化民众的一种工具。戏曲小说，作为俗文学，虽然生于民间，但是当文人介入时，后者特有的劝世情怀，作为强大的文化历史惯性，自然会闪烁其间。

俗文艺来自民间，贴近百姓生活，情感表达自然真率，语言浅显晓畅，没有精英文艺的刻意雕琢，这些都是它的长处，然而与之相伴随的是内容的庸俗芜杂。戏曲表演里常常穿插其间的低俗的插科打诨，世情小说中对性的自然主义描写等，具有明显的感官享乐主义倾向，这些都与精英文艺的高雅品位不相容。如何弥合这种裂痕，也是明清文人的理论任务。一般来说，明清文人主要采取两种方式。其一是有意忽略这种低俗，将之视为自然率真的题中之义。如冯梦龙收集民间歌谣编成的《山歌》，主要以私情为主，很多内容直白粗俗，但他却认为这正是乡野俚曲率真的表现。其二是把这种低俗内容进行价值转换，将之视为劝世的手段。这从很多明清小说结尾就可以看出,无论在作品中描写了多少淫秽之事,最终都要归于对世人的规诫、对俗世的超越。明清文人也是以这一立场来展开批评,在他们看来,像《金瓶梅》《品花宝鉴》《青楼梦》《隋炀帝艳史》等作品,虽极摹人情世态,但都曲终奏雅,劝世人有所惧、有所警,归以正路。

虽然明清文人认为在世俗的自然主义描写中,包含对现实人生的劝诫和规训,但这并不能洗清一种嫌疑,即对自己生活另一面的粉饰。明代文人,由于国家富足,整体生活都趋向享乐主义。袁宏道在给友人书信中提到人生有不可不知的五种"真乐",包括极声色、口腹之欲,高朋满座、朱环翠绕,金银无忧、继以田土,寄食娼家而恬不知耻等。(《与龚惟长先生书·人生五乐》)张岱曾描述过自己少年时的纨绔:"极爱繁华,好精舍,好美婢,好娈童,好鲜衣,好美食,好骏马,好华灯,好烟火,好梨园,好鼓吹,好古董,好花鸟……"(《墓志铭》)这种享乐主义闲适与儒家颂扬的孔颜乐处完全不同,它是对温柔富贵的市井繁华的深深眷恋。这种眷恋会投射在文人的各种活动中。明清时代的俗文艺,一个显著特征就是文人参与,文人创作、文人刊印、文人阅读、文人评点,这意味着,虽然是俗文艺,但传播的圈子其实是精英圈,对民众的规诫也许只是一个幌子,只不过是精英阶层为逃避自身世俗化的一个可以明言的借口。

第十章 世情与俗趣

任何一种历史现象的出现,都是诸因素合力的结果。明代中晚期审美取向的近代转型,是商品经济大发展、城市繁荣、市民阶层崛起的必然结果,是文人生存状态转变、开始世俗化、市民化的结果;是当时社会小环境政治松弛、朝野混乱、民心涣散的结果,也是封建社会走到末世、自身生长出对抗性力量的结果;是儒家正统观念寻求新变,解决自身困境的结果,也是文艺内部精英观念发展陷入困局,向民间寻求生命力的结果。多种力量交汇一起,带来晚明以降中国美学和文艺新景观。我们强调这种新景观具有近代性,是因为这种通俗化取向,对百姓日常人生的关注,对白话语言形式的肯定,以及对大众的启蒙教育等观念能够直接与 19 世纪末以来的中国美学、艺术发展相对接。从最明显的方面来看,中国文化的现代转型是在民族危机出现的受动情形下发生的,是在接受了西方影响,对民族图存现实的一种被迫应对。在很长一段时间里,美学和艺术的现代性构建,也是在这一思路框架下得到诠释的。然而,我们又不能不看到,早在明清的小说戏曲世界里,已经存在一股潜流,可以将历史的未来引向现代。在所谓的才子佳人幻境里,杜丽娘对性爱的渴望开启了个性解放的先河;孟丽君点将拜相,抗拒婚姻,凌驾夫纲之上,女权意识已有崭露;贾宝玉对"文死谏、武死战"的怀疑与困惑,暗示了封建价值观的崩塌。在理论想象的视野中,明清文人重视通俗文艺,认为它们对百姓有规诫作用,这种观念与蔡元培的"以美育代宗教",梁启超"以小说新国民",鲁迅"揭出病苦,引起疗救的注意",文学研究会的"文学为人生"等思路可谓一脉相承。因此,中国美学的现代转型,不能够单纯视为受西方影响的结果。然而我们还需补充的是,明清时代小说戏曲美学表征的近代转型,只是一种趋势,与后来的现代美学价值诉求之间有着完全不同的社会语境和话语逻辑。

第十一章　走向现代

近代以来，特别是19世纪末20世纪初以来，中国历史进入了一个崭新的发展阶段，中国美学也随之进入了一个新的发展阶段。中国古代有非常丰富的关于美及艺术的思想观念，却没有作为现代学科意义上的美学。19世纪末20世纪初，在向西方学习，建立现代知识体系、现代教育制度的过程中，美学作为一门专门的学科被建立起来。在大学里面，美学被规定为一些专业的必修课程。王国维、蔡元培等一批学人，开始具有明确的美学学科意识，尝试建立美学的学科规范。这一时期，不仅有散见于艺术批评、艺术创作中的碎金断玉形态的美学思想，而且产生了系统的、专门的美学理论，这一局面是古代美学所没有的。

在19世纪和20世纪之交的美学理论、美学思想中，产生了若干具有广泛影响力的命题、学说。这些命题、学说是这一时期的学人从社会现实与文学艺术发展的需要出发，在中西美学、中西文化之间大胆取舍、融会创造的结果，是中华美学精神在现代的新发展。今天，我们建设有中国特色的当代美学，从事文学艺术工作，仍然可以从这些命题、学说中得到启发和借鉴。

一 文艺救国论

文艺为民族、国家的富强崛起而服务，文艺承担挽救民族国家危亡的责任，是19世纪和20世纪之交诸多美学命题、主张中非常著名的一个。

1898—1902年，梁启超连续提出了"诗界革命""文界革命"与"小说界革命"的口号。"三界革命"的共同目标，是革新中国文学，以使其更好地承担起启迪国民、改良社会的任务。就诗歌来说，要开辟"新理想""新意境"。所谓"新理想"，即爱国、民主、科学等思想。诗人应将爱国、民主、科学等思想融入诗歌作品，以教育国民，推动国家与社会进步。就散文来说，要追求文体的解放，吸收俚语、俗语以及外来新名词、新句法，以清新通俗的文风，向国民传播现代知识文化。就小说来说，要用小说来鼓舞国民精神，启发国民政治觉悟。梁启超盛赞小说在欧洲各国近代政治变革中曾经起到的巨大作用，同时批评中国旧小说中的"状元宰相""江湖盗贼"

第十一章 走向现代

"才子佳人"等腐朽思想,认为其不利于国民的思想进步。梁启超呼吁,要以小说革新来推动社会革新,"欲新一国之民,不可不先新一国之小说""欲新道德,必新小说;欲新宗教,必新小说;欲新政治,必新小说"。(《论小说与群治之关系》)"三界革命"的主张,引起了巨大的社会反响,尤其"小说界革命"运动,在当时进行得如火如荼。"小说界革命"中涌现了大量的以"新"标榜的作品,这些作品无不以推动国家进步改良自命,用当时人的话说,"出一小说,必自尸国民进化之功;评一小说,必大倡谣俗改良之旨"①。

文艺救国的主张由文学界发端,很快盛行于音乐界、美术界、戏剧界。主张音乐改良者,认为音乐是改造国民的利器,"盖欲改造国民之品质,则诗歌音乐为精神教育之要件,此稍有知识者所能知也""有一事而可以养道德、善风俗、助学艺、调性情、完人格,集种种不可思议之支配力者乎?曰有之,厥惟音乐"②。从事戏剧改良的,认为戏剧是综合艺术,并且通俗易懂、雅俗共赏,因此戏剧在"移风易俗""开通风气"方面具有得天独厚的优势。《春柳社演艺部专章》宣称"本社无论演新戏、旧戏,皆宗旨正大,以开通智识,鼓舞精

---

① 黄摩西:《〈小说林〉发刊词》,《小说林》1907年第1期。
② 黄子绳等:《教育歌唱·序言》,载张静蔚编《中国近代音乐史料汇编(1840—1919)》,人民音乐出版社1998年版,第147页。

神为主"①。学习绘画的，则认为绘画可以提升国民素质，甚至提升国家实力，绘画的繁荣与进步关乎国运。1905年12月，李叔同发表了《图画修得法》一文，在该文的第一章"图画之效力"中，他分析图画对人类社会整体的效力：首先，作为人类"普通技能"来说，图画与文字都是表达人类思想感情的符号，图画的发达与社会的发达密切相关；其次，作为"专门技能"来说，图画是美术工艺整体的源本，欧洲各国工业发达，产品精湛，与图画教育的普及，国民图画素养的高超有关系。

文艺救国论的出现，与近代特殊的时代背景有关系。在民族危机空前加剧的情况下，救亡图存成为中国人思考一切问题的出发点，文艺问题也不例外。另外，文艺救国论又有中国传统美学、文艺理论的基础。在中国古代，"文以载道"具有悠久的传统，文艺为社会服务，甚至直接为现实政治服务，是中国人的习惯信念。由"文以载道"的观念出发，在新的社会历史条件下审视文艺，主张以文艺启迪民众，拯救民族国家危亡，是一件很自然的事情。不过，虽然文艺救国论与"文以载道"论存在着明显的相似性与连续性，但是我们还是不应该将二者简单地等同。还是要注意以下两个事实：第一，虽然

---

① 李叔同：《春柳社演艺部专章》，《北新杂志》1907年第30卷。

第十一章 走向现代

同样是强调文艺的社会政治功能，但"文以载道"论与近代的文艺救国论二者在具体内涵上有很大差异，不能简单等同；第二，强调文艺的社会政治功能的同时，文艺救国论的主张者并未忽略艺术的特殊性与独立性，很多人指出，文艺具有启蒙教化作用，但这种启蒙教化作用是以文艺特有的方式来实现的。

先说第一点。文艺救国论不能简单等同于"文以载道"论，一个重要原因是，文艺救国的"国"不是传统意义上的国家，而是现代意义上的民族国家。近代知识分子非常强调现代民族国家与传统意义上的国家的区分，他们主张现代民族国家的基础是千千万万的国民，而不是少数的官员或君相。只有造就万千合格的国民，国家才有希望自立于世界。因此，"文艺救国"的意思，是以文艺启发教育国民，培育国民的爱国精神与公民素质，使国家的强大建立在万千国民的坚实基础上。这一层意思，不是中国传统的"文以载道"论、"文章经国"论所能涵盖的。"文以载道"论的背后，是封建等级观念与王朝意识，文艺须维护君臣、父子、夫妻间固有的神圣秩序；而近代小说救国论、艺术救国论的背后是现代民族、民主意识，即每一个国民作为国家的主人翁、国家的一分子应对国家尽自己的责任和义务，二者之间具有根本的不同。事实上，19世纪以来，伴随现代民族国家、民族主义的兴起，文学艺术表现民族精神，文学艺术服务于民族国家的需要，在欧洲各国也是一种广为人们接受的观念。因此，与其指责文艺救国论重弹了"文以载道"的老调，不如说它为"文以载道"注入了崭新的时代精神，使之变成了一个现代美学命题。

第二点，在强调文艺的启蒙教化功能的同时，很多论者并未忽略文艺的特殊性与独立性。艺术可以教化国民，但这种教化功能是通过艺术特有的方式实现的。梁启超《论小说与群治之关系》中，约 1/2 的内容是对小说阅读过程中"熏""浸""刺""提"四种作用的审美心理学的分析。"熏""浸""刺""提"是读者阅读小说时发生的四种心理作用，这四种作用以今天通用的术语解释分别是熏陶、浸染、刺激、提升。从梁启超的论述看，"熏""浸""刺""提"涉及人类心理活动的不同层次："熏""浸"主要涉及人的情感，梁启超举《红楼梦》的阅读为例，"读《红楼》竟者必有余恋余悲"，是为"浸"；提主要涉及人的想象力，梁启超举例解释说，"读《野叟曝言》者，必自拟文素臣""读《石头记》者，必自拟贾宝玉"；"刺"则涉及人的非理性的欲望、冲动，比如读林教头风雪山神庙的情节时读者会"忽然发指""忽然泪流"。"熏""浸""刺""提"层次分明、含义丰富，构成一个严密配合的体系。"熏""浸""刺""提"说强调审美过程

第十一章 走向现代

中审美主体与审美客体的融合、统一,与西方现代心理美学、特别是立普斯的"移情说"及谷鲁斯的"内摹仿说"有相通之处。"熏""浸""刺""提"说的提出,表明梁启超对艺术欣赏的心理发生机制有较深入的理解。通过"熏""浸""刺""提"说,梁启超想要表达的是:文学、艺术能够改变读者,但这种改变不是通过枯燥的说理、劝诫,而是通过潜移默化的审美熏陶;文学、艺术带给读者的,不仅有知识的教益,更有情感、想象、欲望的综合的刺激与满足。

文艺救国论的实质,是强调文艺的社会作用。文艺走出自身的小圈子,服务社会,影响社会。在中华美学精神两千余年的发展史中,这是一个源远流长的传统。从孔子的乐教说、"兴观群怨"说,到韩愈的"载道说",到明清小说批评中的惩恶劝善说,一直到我们现在讲的文艺为中华民族伟大复兴服务,都是这一传统的不同呈现。这一传统是中国人对文学艺术的习惯性的要求,本身当然是正确的、合理的,但具体如何去理解还是很重要。文学到底应该以怎样的方式去服务和影响社会?是简单地听从于政治的指挥棒,成为政治口号的传声筒,还是以自己特有的方式,对社会、对政治发挥有益的作用?是急功近利,迎合社会短期的流行趋势,还是树立高远的理想,推动社会长远健康发展?在这个问题上,近代美学、文艺理论有正面的经验,也有负面的教训。

二　艺术独立的要求

与文艺救国论相对，近代美学中还有一种强烈的呼声，是要求艺术成为独立的、纯粹的事业。艺术独立论者认为，艺术的本质是审美，审美是超功利的，因此艺术应超然于政治与道德之外，寻求自己独立的地位。

艺术独立论最有力的倡导者是王国维。1902—1905年，王国维陆续阅读了泡尔生的《哲学概论》，文德尔班的《哲学史》，叔本华的《意志及表象之世界》《自然中之意志论》，以及康德的"三大批判"。通过自学，王国维对西方现代哲学、美学有了相当深入的了解。在西方哲学、美学的启发下，王国维形成了以审美超功利性为核心的艺术观。王国维认同叔本华的观点，认为世界的本质是欲望，人生无往而不与欲望相关，于是无往而不痛苦。艺术则让人暂时摆脱欲望，得到安慰与解脱，因为在艺术中人面对的对象并非实际的物体，而是物体的形象或理念，"故美术之为物，欲者不观，观者不欲，而艺术之美所以优于自然之美者，全存于使人易忘物我之关系也"。艺术使人超脱于现实利害关系之外，艺术不能满足人直接的利益需求，但正因为如此，艺术才相对于政治、道德、工商业等，具有了自己独立的地位与价

第十一章 走向现代

值。在《论哲学家与美术家之天职》一文中，王国维集中表达了艺术独立的诉求。王国维说："天下有最尊贵而无与于当世之用者，哲学与美术是已。"[1] 哲学的使命是追求纯粹的知识，文学的使命是表达人类微妙的感情，能满足、慰藉人类对知识、感情的需求，哲学与美术的天职已尽，艺术家没有必要攀附政治来证明自己存在的合理性。王国维批评中国自古以来的哲学家与文学家无不想兼做政治家，哲学家从孔孟到程朱陆王，诗人如杜甫、韩愈、陆游都是如此，都想要"致君尧舜上，再使风俗淳"。哲学与艺术缺乏独立的地位，哲学家与艺术家纷纷向政治靠拢，是导致中国哲学与艺术不能充分发达的重要原因。文章的最后，王国维呼吁一种独立于政治与道德的纯粹的哲学与艺术，呼吁哲学家与艺术家勿忘其神圣之地位："夫忘哲学、艺术之神圣而以为道德政治之手段者，正使其著作无价值者也。愿今后之哲学、美术家毋忘其天职及独立之位置，则幸矣！"

1905年之后，王国维的学术兴趣渐渐由哲学转向文学，关注的对象也由一般的美术（即艺术）转向了文学尤其是词、曲。但是在对文学的论述中，他仍然延续了艺术独立的

---

[1] 王国维：《论哲学家与美术家之天职》，《王国维遗书》卷五，上海古籍出版社1983年影印版，第101页。

立场，主张文学是独立的事业，反对文学成为政治与道德的工具。在《文学小言》《人间嗜好之研究》中，他援引席勒的观点，主张文学是一种游戏。作为游戏，文学是人类现实生存需要满足之后的活动，因此无关功利。王国维批判以功利为目的的文学，称为"餔餟的文学"，认为"餔餟的文学"绝非"真正之文学"。在《人间词话》中，他标举"境界"概念，主张诗词创作的最高目的是创造境界，"有境界则自成高格"。所谓"境界"，即真景物、真感情，文学能表达真景物、真感情，能凭借审美的力量打动读者，谓之有"境界"。有"境界"的艺术，即出于纯粹美学兴味的艺术，真正的艺术。有"境界"的艺术的对立面，是缺乏真情实感，出于政治或道德的目的而创作的艺术。王国维说："人能于诗词中不为美刺投赠之篇，不使隶事之句，不用粉饰之字，则于此道已过半矣。"境界说中，包含着明显的要将文学从政治、道德中剥离的意图。总之，在捍卫艺术独立性与纯粹性方面，王国维是 20 世纪初文坛上立场最鲜明、态度最坚决的一个。

几乎与王国维同时，黄人也提出了艺术独立的口号。与王国维不同的是，黄人主要针对文学立论，并未泛论整个艺术。1904 年，在东吴大学执教的黄人应教学需要，编撰了一部《中国文学史》。这部文学史共四编，在第一编总论部分的

"文学之目的"一节,黄人在真、善、美三分的框架下,讨论了文学在人类精神生活中的位置,以及文学与科学、哲学等的区别。黄人提出,人生有三大目的,"曰真,曰善,曰美"。与真、善、美三大目的相对应,有三种不同的学问,分别是求真之学、求善之学、求美之学。科学、哲学求真,伦理学、教育学、政法学等求善,而文学、艺术等则"属于美之一部分"。1907年,黄人好友徐念慈主编的《小说林》创刊,黄人撰写了《小说林发刊词》表示祝贺。在《小说林发刊词》中,黄人主张小说作为文学的一种,"一属于审美之情操,尚不暇求真际而择法语也";小说兼具"立诚"与"明善"两种价值,但总的来说,"立诚""明善"是科学与道德的使命,不是小说的使命。可以看出,黄人是将文学与科学、道德、政治三者放在一起比较,而确定文学的独立价值的,与王国维相比,多了一个科学的参照物。

比黄人稍晚一些,鲁迅与周作人兄弟也提出了文学的独立地位问题。鲁迅在《摩罗诗力说》中提出,文学是一个民族的文化中最有力量的部分,文学可以鼓舞民族的精神,凝聚民族的力量。但是就本质来说,文学的目的只是审美,文学无意去改变社会:"由纯文学上言之,则以一切美术之本质,皆在使观听之人,为之兴感怡悦,文章为美术之一,质当亦然,与个人暨邦国之存,无所系属,实利离尽,究理弗存。"①"实利离尽",是说文学无关于政治或道德;"究理弗存",是说文学无关科学。周作人在《论文章之意义暨其使命因及中国近时论文之失》中,阐述了美国人宏德(Hunt)关于文学的定义,并从宏德的文学定义出发,批评了中国人自古以来讨论文学的缺失。周作人认为,中国人文学观念的最大谬误,是抹杀文学的独立价值,以文学为政治教化的附庸,此种谬误的根源在儒家学说。批评完古人后,周作人又将矛头对准当下。周作人认为,自从梁启超创办《新小说》以来,小说在著、译两方面都有一些进展,但小说观念方面仍然停滞不前。仍然以小说为政治的工具,"强比附于正大之名,谓足以益世道人心""手治文章而心仪功利,矛盾奈何"。最后,周作人呼吁:"文章一科,后当别为孤宗,不为他物所统。又当摒儒者于门外,俾不得复煽祸言,因缘为害。"②

无论王国维还是黄人、周氏兄弟,都是从现代西方艺术观念出发,主张艺术独立自治,并批评中国人的功利主义艺术观的。18世纪以来,特别是康德美学体系建立以来,西方美学界、艺术界形成了这样一套关于艺术的理解:艺术与美、与人

---

① 鲁迅:《摩罗诗力说》,《河南》1908年第2期。
② 周作人:《论文章之意义暨其使命因及中国近时论文之失》,《河南》1908年第4—5期。

的情感相关联，艺术具有超功利性，艺术与科学、道德等不同，是一个独立的世界，等等。这样一套艺术观念，其出现与形成的社会历史背景非常复杂。以今天的眼光看，这一套强调艺术自治的观念有其局限性，需要我们去反思和超越。但是对20世纪初的中国人来说，它又具有非常积极的意义：它启发中国人以一种前所未有的方式，去思考艺术为何物，艺术如何发展；在启蒙救国思潮压倒一切，文学艺术有沦为政治传声筒趋势的情况下，它提醒中国人要注意艺术的健康发展，甚至它还启发中国人对中国传统文化进行反思，思考中国文化、中国社会的未来。

另外，还有一点要注意，在呼吁艺术独立的同时，王国维、黄人、周氏兄弟等都不约而同地与"为艺术而艺术"的口号保持了一定距离。周作人明确表达了对"为艺术而艺术"的警惕，指出若仅仅将文学用于"观听之娱"，会有"流入纯艺派"的危险。鲁迅认为文艺尽管没有直接的功利性，但通过涵养人的精神，塑造读者的健全人格，仍然可以间接地对民族和国家有益，文学具有一种"不用之用"。黄人主张小说"一属于审美之情操"，针对的是当时小说创作中出现的过度政治化的倾向，并不是真的要小说远离政治，从他在《小说林》上发表的小说批评文章看，他还是赞同小说在鼓舞国民精神方面的价值。同样，对王国维来说，艺术独立、艺术家勿忘"天职"也绝不等于"为艺术而艺术"。在王国维的美学体系中，艺术不追求"当世之用"，但却追求"人类万世之功绩"；艺术无功利，但却能慰藉人的心灵，尤其对精神世界极度苦闷的中国人来说，艺术的慰藉意义更加突出。总之，所谓艺术独立，其实只是要求艺术作为一种独立的力量，更好地发挥对社会的影响力，并不是真的要让艺术与社会绝缘。艺术独立论与文艺救国论之间，其实并不存在绝对的差异。文艺救国论者，也多少注意到了艺术的特殊性与独立性。艺术独立论者，也试图用艺术来影响社会、改变社会。

三　美育思想

1. 美育

美育即审美教育或美感教育。狭义的美育，是指学校中的美术教育。广义的美育，是通过审美的陶冶作用，促进人的全面发展，推动社会的进步。提到美育，人们往往马上想到蔡元培。其实，蔡元培并非近代中国提倡美育的第一人。在近代，最早提出美育的人是王国维。

1903年秋，王国维在《论教育之宗旨》一文中，首次提出了美育概念。王国维指出，与人类精神中知识、意志、

第十一章 走向现代

感情三部分相对应，教育也分为三部分，分别为智育、德育、美育。稍后，在《孔子之美育主义》中，王国维介绍了美育理论在西方的发展历程，并举孔子的诗教与乐教主张来阐释美育。在《教育家之希尔列尔》一文中，王国维着重介绍了席勒的美育学说。此外，王国维还分析了美育与德育、智育的关系，指出美育一方面是德育、智育的手段，另一方面具有自己独立的价值，美育可以"使人之感情发达，以达完美之域"。可以看出，王国维主要是从教育学的角度来谈美育。

王国维之外，另一个较早触及美育问题的人是鲁迅。在发表于1908年的《文化偏至论》中，鲁迅提到了席勒寻求"知、感两性，圆满无间"的学说。在《摩罗诗力说》中，鲁迅从人性全面发展的角度论述文学的重要性。鲁迅认为，人生活在世界上，必然会有时自觉而勤苦，有时"丧我而恍惚"，有时致力于求生，有时耽溺于享乐，有时活动于现实世界，有时神驰于理想之域，倘若长久地偏于一极，就会导致人性的"不具足"。文学的职用就在于通过涵养人的神思，实现人的性格与精神的"具足"。显然，虽然没有明确拈出"美育"这样一个词，但鲁迅已经触及了美育理论的核心，阐发出了美育理论的基本原理。

王国维、鲁迅率先提出了美育主张，但总体来看，他们关于美育的论述是零散的、不成系统的,同时也没有产生太大的社会反响。真正对美育问题进行系统化、理论化的论述,同时又不遗余力宣传美育的人是蔡元培。终其一生,蔡元培都在介绍、宣传、推广美育。美育概念能够在中国生根发芽、深入人心,蔡元培居功至伟。总体来看,蔡元培对美育的介绍传播可以分为两个阶段。第一个阶段是从辛亥革命到"五四"运动前,在这一阶段,他主要是从教育的角度鼓吹美育,强调美育在育人方面的重要意义。第二个阶段是"五四"运动之后,在这一阶段,他把美育放到更为广阔的背景上,强调美育对整个社会文化、文明发展的重要意义。

蔡元培美育思想的突出特点,是在中西美学、文化之间融会贯通,大胆发挥创造。蔡元培认为,虽然美育的概念、原理是由席勒等西方现代美学家提出,但美育实践古已有之,中国尤其富有美育的传统,孔子的"六艺",汉魏时期的清谈,北朝的雕刻,唐诗宋词,元曲小说,都属于美育。在美育的价值问题上,一方面,蔡元培沿袭西方美学的观点,指出审美可以促进人的知、情、意三方面的平衡发展,培养健康的人格;另一方面,从中国古老的诗教、乐教传统出发,着重强调通过审美,可以塑造人的高尚品德,特别是"富贵不能淫""杀身成仁"等类似中国古代士大夫的品德。在美育发生的机制、原理方面,他摒弃了席勒美学中感性、理性两种冲动互相冲突最后"扬弃"的烦琐论证,主要从美的普遍与超脱两种性质入手,论证审美可以破除"人我之见"、利害观念,从而促进高尚人格的养成。在具体论述中,他大量列举中国人熟悉的事物来做例证,比如他说:"马牛,人之所利用者,而戴嵩所画之牛,韩幹所画之马,决无对之而作服乘之想者。狮虎,人之所畏也,而芦沟桥之石狮,神虎桥之石虎,决无对之而生搏噬之恐者。"(《以美育代宗教说》)

在美育实施的方法问题上,蔡元培尤其表现出宏阔的视野。蔡元培提出,美育也可以分为家庭美育、学校美育、社会美育三个方面。家庭美育即儿童入学以前的美育。学校美育即对在校学生进行的审美教育,从幼儿园起,学龄儿童就应该学习舞蹈、绘画、音乐等课程,这是美育的专门课程。专门课程之外,学校其他的课程如数学、物理、化学、地理等,都应或多或少地应用美术的因素。普通学校的美育之外,还应该有专门的美术、音乐、舞蹈学校,以便有专门爱好的学生深造。家庭美育、学校美育之外,还有社会美育,对象是已离开学校的人。社会美育涵盖的范围更广,如美术馆、博物馆、剧院、影院、动物园、植物园的建设与运营,道路、建筑、公园、街心花园、公共墓地美化与改造等,都是社会美育所应当注意的。另外,蔡元培还提到,个人的行为如六朝人的清谈,社会的组织如一些学术团体等,也都可以发挥美育的作用。[①] 从蔡元培的美育实施方案来看，他所倡导的"美育"，实在是一种"大美育"，含义丰富，包罗万象。

2. 以美育代宗教

蔡元培美育思想中影响最大、争议也最大的是他的"以美育代宗教"说。1917年4月，在北京神州学会的一次演讲中，蔡元培正式提出了他的以美育代宗教学说。之后，又在不同时期、不同场合多次重复这个学说。美育何以能取代宗教，为什么要取代宗教呢？蔡元培的回答是：上古时代，人们智识浅陋，思想蒙昧，于是发明宗教，宗教对原始人而言具有知识、道德、感情三方面的功用。知识方面，宗教以创世说解释世界起源，消解人对世界的疑问；道德方面，宗教家提倡利他主义，维护社会秩序；感情方面，宗教利用舞蹈、音乐、美术、建筑、山水等，慰藉信徒之感情。后来随着社会文化的日渐进步，宗教在知识、道德方面的功用逐渐为科学、社会学、伦理学所取代。知识、道德两种作用既然都脱离宗教而独立，于是宗教所剩余的唯有情感作用，即美术的作用。然而美术的发展历程，也渐有脱离宗教之趋势。美术本来是陶冶人的感情的，但由于受宗教的拖累，常常失其陶冶感情之作用，而转以

[①] 蔡元培：《美育实施的方法》，载高平叔编《蔡元培全集》卷四，中华书局1984年版，第214页。

第十一章 走向现代

刺激人类褊狭之感情。于是，美术干脆独立。美术既然已经独立，宗教便没有继续存在的意义，不如干脆以美育代宗教，这样既发挥了慰藉人类感情的作用，又避免了宗教褊狭、强制的缺点。①

以美育代宗教说的提出，与蔡元培对宗教的一贯成见有关系。这种成见，部分地来自他对科学的推崇。蔡元培看重科学，同时认为科学与宗教是矛盾的，科学的发展过程，也是宗教的消亡过程。但导致蔡元培对宗教抱有敌意的更重要的因素，是他自幼所接受的中国传统文化，特别是儒家文化。儒家向来有不讲"怪力乱神"（《论语·述而》）、"敬鬼神而远之"（《论语·雍也》）的传统，宋明理学家干脆将鬼神解释为阴阳二气之"良能"。儒家学说，特别是宋明理学以来的儒家学说，强调人的自由自觉的意志，主张人依靠自觉来约束自己的行为，依靠内在的力量来寻求超越、完善，这些主张与一般宗教所主张的把人交付给神灵是大不相同的。自幼饱读儒家经典的蔡元培，自然对宗教很难产生好感。蔡元培认为，宗教是一种野蛮、落后的意识，中国人早就超越了宗教，如今更不应该拥抱宗教。

---

① 蔡元培：《以美育代宗教说》，载高平叔编《蔡元培全集》卷三，中华书局1984年版，第33页。

应该做的，是想办法促进宗教的消亡。如何促进宗教的消亡呢，答案是美育。

以美育代宗教说的背景，除了蔡元培个人对宗教的一贯成见外，还有一点不容忽视：基督教在近代中国教育中举足轻重的地位和影响。近代以来，基督教在近代中国社会变革中起到了特殊作用。利用在各个不平等条约中获得的权利，欧美各国教会尤其是英国、美国的新教教会在中国积极地进行活动，传教之外，还兴办各种慈善、医疗机构，创办各类学校，从幼儿园、小学、中学到大学。据中国基督教教育调查会统计，截至1921年，基督教会在中国共创办各种学校五千余所，在校学生接近20万人。[1] 近代很多著名的大学像燕京大学、辅仁大学、复旦大学、东吴大学、金陵大学等，都有教会背景。教会学校不但向学生教授基督教义，在学生中发展信徒，还组织师生举行礼拜、忏悔、祈祷等宗教活动。面对这种情况，先后任教育总长、北大校长[2]，同时又对宗教抱有成见的蔡元培，一定忧虑万分。正是在这样一个背景下，他提出了以美育代宗教的命题。以美育代宗教中的"宗教"，不是泛泛而谈，而是有特定的所指，主要就是基督教。以美育代宗教说的现实目的，

---

[1] 相关数据参见《中国近代教育史教学参考资料》，人民教育出版社1988年版，下册，第387页。

[2] 蔡元培教育总长任期自1912年1—7月，北大校长任期自1916—1926年。

第十一章 走向现代

是以美育抵制基督教的影响力,从基督教教会手中争夺教育的主导权。

美育和宗教的关系问题,其实王国维也思考过。1906年,王国维发表了《去毒篇》。在这篇文章里,王国维分析中国人之所以嗜好鸦片,是由于精神上苦闷。因此要彻底禁绝鸦片,必须找到合适的东西,来代替鸦片对中国人进行精神慰藉,这个替代物就是宗教和美术,"前者适于下流社会,后者适于上等社会,前者所以鼓国民之希望,后者所以供国民之慰藉"[①]。王国维认为,宗教与美术同样能够给人以慰藉,美术的慰藉效果甚至要超过宗教,因为宗教寄希望于将来,而美术施作用于现在,宗教的慰藉是理想的,美术的慰藉是现实的。但实际上,美术主要适用于上等社会,下等社会的广大民众还是要依赖宗教,因为一方面"国家固不能令人人受高等之教育",另一方面即便国家有此能力,"其如国民之智力不尽适何"。这里似乎隐含着一个观点,即假如国家有能力普及高等教育,国民也都接受了高等教育,则美术或者美育可以替代宗教。今天,大学教育在中国已渐有普及之势,王国维如果生活在今日,是否会提出美育代宗教的主张呢?

---

① 王国维:《去毒篇》,《王国维遗书》卷五,上海古籍出版社1983年影印版,第44—45页。

宗教存在的根源到底何在？美育能不能代替宗教？如果不能完全代替宗教的话，是否能部分地代替或者平衡宗教？这些问题，今天仍然有思考的必要。据调查，在当前的中国，宗教的发展速度有加快的趋势，除了佛教、基督教、道教、伊斯兰教等传统宗教稳步发展以外，各种新兴宗教也层出不穷。宗教正成为当今中国极重要的问题。在这种情况下，我们更有必要重读蔡元培的以美育代宗教说。

四　人生艺术化

20世纪初中国美学中，人生艺术化也是一个重要的、有价值的命题，很多人都以不同方式提出过这一命题。

较早提出这一命题的人是梁启超。1921—1922年，梁启超连续写了《"知不可而为"主义与"为而不有"主义》《趣味教育与教育趣味》《美术与生活》《学问之趣味》《敬业与乐业》等文章，这几篇文章都围绕一个共同的概念"趣味"而展开。梁启超认为，趣味是人生活的原动力，是人类幸福的根源，人生如果缺乏趣味的话，就像机器缺乏动力。那么，趣味从何而来呢，如何体验趣味？梁启超提出，趣味的最重要的前提是"无所为而为"，即无论做何种事都不计利害得失，都以这件事本身为目的而不以其为手段。一般人做事情，总会患

第十一章 走向现代

得患失,会想这件事我能不能做成,做成了怎样,做不成怎样,这件事对于我有哪些利弊,等等。这样前思后想之后,事情便索然无味。趣味主义者不是这样,他们用审美的、超脱的态度去做事情,他们认定一件事情应当做,就专心地去做它,不考虑成败得失。由于有这样一个心态,他们做什么事情都趣味盎然,都享受快乐而很少烦恼。梁启超特别提到趣味与艺术的密切关系,艺术的价值就在于诱发、刺激人对于趣味的感受能力,使人人都能充分享受趣味。"趣味"论的核心思想,用梁启超本人的话说就是"生活的艺术化",即"把人类计较利害的观念,变为艺术的、情感的",使整个人生都成为艺术的、审美的、有趣的。

"趣味"论关注的是整个人生,并不专门针对艺术。在梁启超看来,整个人生都应该成为趣味的,也即无功利的。在《敬业与乐业》《学问之趣味》《趣味教育与教育趣味》三篇文章中,梁启超分别讨论了劳动、学问、教育三种活动,认为这三种活动的理想状态都应该是超功利的、"无所为而为"的。对于劳动来说,任何职业都是神圣的,都值得专注地、投入地去做。对于学问来说,要"为学问而学问",要"研究你所嗜好的学问"。对于教育来说,教育的目的是养成受教育者的趣味,教育者也应"以教育为唯一的趣味"。梁启超认为,天底下任何正当的事情,真正做到以"无所为而为"的话,都是有意思的、能带给人乐趣的。任何事情，都有其内在的曲折、变化、方法、窍门，深入其中，观察体验这些曲折、变化、方法、窍门，是一种乐趣；任何事情都离不开奋斗，一步一步地奋斗，是一种乐趣；任何事情，投入去做的话，便能暂时忘却生活中一些无聊的烦恼、欲望，得到精神的安宁与平和，这又是一种乐趣。

"趣味"论的基本观点，与康德所代表的西方现代美学思想之间有许多相通之处。梁启超一再强调，趣味的前提是超功利，是"无所为而为"，诸如此类的表述，与康德美学中审美判断不涉及利害计较、美的事物具有"无目的的合目的性"等经典表述构成对应关系。而从概念术语的使用上说，梁启超所使用的"艺术""审美"等，也都是西方美学的概念。"趣味"论与西方美学的关联是很明显的。但尽管如此，西方美学还不是"趣味"论的最重要的来源。现代西方美学主要谈艺术、审美，"趣味"论则首先是一种人生观。"趣味"论的更重要的基础，是中国传统文化。在《"知不可而为"主义与"为而不有"主义》中，梁启超用儒家的"知不可而为"与道家的"为而不有"解释趣味主义，另外还引用了佛教的"无我、我所"思想。可以说，儒、释、道三家的思想都对趣味论构成启发，而其中儒家学说的作用尤其大。梁启超一生的功业、成就都与儒学有关，特别在晚年，他视儒学为传统文化中

第十一章 走向现代

最有价值者,以弘扬儒家学说为己任。因此,讨论梁启超的任何一种学说,都不能脱离他的儒学背景,"趣味"论同样如是。

儒家学说的创立者孔子,是一个富有审美情趣的人。在《论语》中,我们看到孔子笃嗜音乐,喜欢咏歌,喜欢带学生游赏山水。但这都不是最重要的。最重要的一点是,孔子总是以身作则,引导弟子以一种超功利的方式,将一般人看来辛苦、繁重的事情做得轻松、愉悦。"学而时习之,不亦说乎"(《论语·学而》),学习是艰苦的,但心无杂念地专注于其中,并时时温习的话就是快乐的。"士志于道,据于德,依于仁,游于艺"(《论语·述而》),人格修养的过程很漫长,但同样可以用一种"游"的方式来完成。孔子的人生观中,包含一种明显地将学问及道德人格修养活动审美化、非功利化的倾向。这种倾向在后儒那里得到进一步发展。宋代理学家的著作中,读书思考、静坐修身被描述为一种悠然自得的活动,一种人生的享受。二程告诫学者"敬守此心,不可急迫""栽培深厚,涵泳于其间"。朱熹经常劝人用"玩心""玩索"的方式来阅读圣贤著作。明代心学的代表人物王阳明,也提倡以超功利的态度求学问道,《传习录》中一再告诫学者要破除"功利之心"。总之可以说,儒家思想学说中已经蕴藏着"趣味主义"的因子。当然,这种"趣味主义"主要是就学问与道德修养而言。而梁启超将这种"趣味主义"做了进一步的引申，不光学问、人格修养，整个人生都应该是如此的，人类任何正当的活动都应当以超功利的态度愉快地对待。还有就是，梁启超用西方美学的术语，对这种超功利的人生态度进行了学术化的表述。可以这样说，"趣味"论是梁启超立足传统文化，同时借鉴西方学术所做出的一个创造。

梁启超之外，宗白华、朱光潜也都提出了人生艺术化的主张。特别是朱光潜，把人生艺术化作为重要问题，在多部著作中都加以论述。《给青年的十二封信》中有多封书信都涉及了人生艺术化。在《谈静》中，朱光潜主张世界上最快活的人是最能领略生活的人，所谓领略就是能在生活中寻找趣味。《谈升学与选课》中，朱光潜提出人生第一桩事是生活，所谓生活是"享受"，是"领略"，是"培养生机"。在《谈情与理》中，朱光潜主张情感的生活高于理智的生活。在《谈摆脱》中，朱光潜认为人生悲剧的起源是"摆脱不开"，要免除人生悲剧，第一需要"摆脱得开"，认定一个目标，便专心致志地去追求，其余都置之度外。这些观点，都包含人生艺术化的意味。出版于1932年的《谈美》，最后一章"慢慢走，欣赏啊——人生的艺术化"中，专门讨论人生艺术化的问题。和梁启超相比，朱光潜论述的学理化色彩稍浓一些，更细密一些。在其中，朱光潜提出"过一世生活好比做一篇文章"，完

第十一章 走向现代

美的生活都有上品文章所应有的美点；然后，他从上品文章所应具有的优点出发，对人生艺术化提出了具体的要求，包括"完整的有机体""修辞立其诚""本色""严肃""豁达""无所为而为的玩赏""情趣丰富"等。这些要求，比梁启超对趣味的要求要丰富、具体。但总体来看，朱光潜还是在梁启超已经开辟的道路上前进。并且，他也和梁启超一样，努力在中西文化间融会、综合，特别注重从中国文化，中国古代的历史人物、故事中引申出人生艺术化的主张。

人生艺术化的主张与美育的主张，其实都是在追求人生与艺术的统一，但统一的方式不同。美育是主张艺术和美向现实人生靠拢，为现实人生服务，使人生变得更美好；人生艺术化则主张现实人生向艺术靠拢，整个人生、宇宙都成为艺术的、审美的。以吃饭打比方的话，美育是在饭里面加点糖，让饭更可口，人生艺术化则是把饭整个地变成糖。按照人生艺术化的设想，整个人生都应该是生机勃勃、愉快幸福的，劳动、工作不再是人的负担，而是成为人的必需，人们"为劳动而劳动"，"为工作而工作"，在劳动与工作中也体会一种审美的愉快。这一思想与马克思关于人的全面发展的学说有一定的相通之处。在经济飞速发展，人的内在、外在生活都发生巨大变迁的当下中国，人生艺术化的命题尤其有启发意义。当代中国青年中，流行两种看上去截然相反的人生态度：一种是在各种庸俗成功学的激励下，拼命赚钱，追求物质和地位的成功；一种是所谓的"佛系"，消极无为，什么都行，什么都可以，什么都没关系。在这两种态度之外，还应该有第三种甚至第四种更为健康的人生态度。怎样才能找到更为健康的人生态度呢，我们不妨回到20世纪初，了解一下当时的美学家提出的人生艺术化的主张。

后　　记

这本概述"中华美学精神"的小册子,是我与几位年轻朋友合作的结果。中华美学内容丰富,博大精深,非一人之力可完成。因此,我请来几位这方面研究的专家相互合作,取长补短。

本书的编辑过程如下:由我先设想一个大致的框架,列出各部分所要讲的主题,并试拟了各部分题目。在此基础上,邀请对相关课题作过研究的各位学者到北京来,开了一整天的会,讲了我对此书的设想,并在讨论的基础上将各部分的分工进一步清晰化,并请各位领取各自所要写的题目。此后,我通过电邮、电话和微信等各种手段与各位联系,请各位提交各自的写作大纲,各小节的标题,直到书稿最后完成。

本书的具体分工如下:

绪论:从当下实践出发,传承和发展中华美学精神(高建平);第一讲:和谐之美(韩伟);第二讲:温润与深情

（韩仪）；第三讲：生生之乐（陈丽丽）；第四讲：自然之道（陈丽丽）；第五讲：气韵风神（蒋志琴）；第六讲：立言与载道（韩伟）；第七讲：意象与韵味（汤凌云）；第八讲：意境与境界（汤凌云）；第九讲：画者，画也（蒋志琴）；第十讲：世情与俗趣（张冰）；第十一讲：走向现代（吴泽泉）。

各部分的初稿交给我以后，感谢《社会科学战线》《中国文学批评》和其他一些杂志发表了阶段性成果。这些杂志都非常认真，分别请研究中国美学史各个阶段的专家审稿，提出了许多有价值的意见，提请作者修改。由此，本书也就得到了打磨，比原作的水平有了很大的提高。

我请张冰通读了全文，做了许多编辑调整工作。最后，在提交出版社之前，我又将全文通读一遍，做了许多修改校订工作。

在此向参编此书的各位学者再次表示感谢。

高建平
2018 年 2 月 3 日